Artificial Intelligence as a Business Weapon

世界一カンタンで実戦的な

文系のための

人工知能の教科書

著 東京大学大学院博士課程 TDAI Lab代表 福馬智生
早稲田情報技術研究所 代表 加藤浩一

ソシム

はじめに

筆者は、AIの研究者です。AIの基礎研究を行いながら、AIを導入したいという企業の支援活動も行っています。

日々いろいろな方とお話させていただく中で、「人工知能（AI）は、謎につつまれている」と不安を感じられている方が多いことを気にしています。

確かに、ここ数年は「AIであなたの仕事はなくなる！」「AIが人を支配し始める」というような書籍が多く出版されました。恐怖を煽るものや、また技術的にこの先の数年間では実現できないSFの世界を、明日のことのように描いているものもあります。

AIは、大きな技術革新であり、人の営みに直接影響を与えるために、誰もが期待よりも先に不安を感じるのは、ある意味必然なのかも知れません。また、AIが様々な科学や数学の組合せでできているため、エンジニアではない人にとって、その中身を理解するのが容易ではないということも、AIが謎めいてみえる理由の一つと思います。

そのためでしょうか、ここ数年、AIについて単に技術的なことだけではなく、次のようなリクエストを受けることが多くなっています。

- AIは既に身近にあるもので、個人でも仕事でも使わないといけない。素人向けのAI本は、概念が書かれているだけで具体的ことがわからない。その一方で、AIの中身を知ろうと思うと、数式やプログラミングのコードが書かれている本ばかりで、それこそ意味がわからない。技術者ではない自分がAIを理解するにはどうしたら良いだろうか？
- 上司からAIを使って事業を始めたいといわれた。何から始めれば良いのだろう？
- 部下からAIを利用したいと提案があったが、その投資が妥当なのかわからない？

・AIの仕組みがわかっていないので、AIが導く答えを信頼できない？
AIをどこまで信じてよいのだろう？
・AIの中身を知りたいけれど、数式で説明されても分からないし、プログラミングをしたいわけでもない。
・AIは、誰がどのように研究しているのだろう？　AIはこの先にどうなるのだろう？
・AIを使って何かする（投資）なら、いつがベストなタイミング？

これらは、AIを利用する人のみならず、AIを用いて仕事を改善したい、もしくは新しい事業を創造したい人にとって切実な問題です。筆者が本書を執筆するきっかけは、まさにここにあります。

本書は、AI研究者の立場から、AIの真実をお伝えするために執筆しました。対象を文科系の方とし、数学の知識がなくても理解できるように工夫しています。もちろんプログラミングの知識も不要です。

10年後に何が最先端になるかを予見するということ

昨今のAI技術の進歩は目を見張るものがあります。それは間違いありません。しかし技術の移り変わりというのは激しく、今はやりのディープラーニング技術（追って本書の3章で解説します）も10年前は“過去”のものでした。AIブームは、去っては訪れを繰り返しています。10年後に何が最先端になるかを予見するのは容易ではありません。

ある日、筆者が何気なく見ていたお笑い番組に「さらば青春の光」というコンビが出演されていたのですが、彼らのネタを見たとき、何か恐ろしいものを感じました。

ある博士はタイムマシンの研究をしています。ある日新しいタイムマシン理論を自信満々に発表しました。この理論によって大きなブレイクスルーが起き、タイムマシンは多くの研究者によってすぐにも完成するはずだと信じて。
そして博士が部屋に戻った直後、博士の目の前に突然青年が現れます。青年はなんと未来からタイムマシンでやって来たといいます。
「やった！　タイムマシンは実現したんだ！」その事実に博士は大きく喜びます。その青年に「いつの時代から来たのか？」と訪ねたところ「52万年後」と答えるではありませんか。
そこから青年は畳み掛けます。「未来のタイムマシンは博士の考えているものとは、仕組みが全然違います。それどころか、教授が発表した論文のせいで、世界中の研究者が一気にそっちに向いてしまい、完成が48万年も遅れてしまいました。」

昨今のAI開発の流れが、これと同じとは思いませんが、とても心に刺さります。これからのAI技術の発展はどうなるか本当にわかりません。この本を執筆している間にも、すごいスピードで技術革新が起きています。

今のブームは、もしかしたら未来のAIの発展を、ある面で阻害している可能性もゼロではありません。そのことを考えますと、このAI時代に生きていくために大事なことは、きっと次のようなことです。

- 常に新しいこと吸収する姿勢
- 周りに流されず、AIを良い点でも悪い点でも多面的に捉える目線
- 技術を無条件に信じないこと

AI研究において、情報の価値は劣化する速度がとても速いです。常に何が起きているのかを把握しておく必要があります。

そして多面的な目線も重要です。新しい技術によって何ができるようになったのか、そのリスクはなんなのか、それによって社会はどのような方向へ進むのか。

それらの視点から本書では、次のような内容を扱います。

そもそもAIとは何か？

AIはとかくブラックボックスにみえます。本書ではAIを正しく活用していただくために、まずAIの基本的な仕組みを解説します。AIの持つ神秘性の謎も解明します。

AIが学習するとはどういうことか？

AIが答えを出すということは、AIの中で何らかの学習と判断が行われていることになります。AIが行う学習は、いったいどのように行われているのでしょうか？　それは人がする学習と同じでしょうか？　その仕組みを知れば、AIが導く結果をどのぐらい信用できるかがわかります。

AIはこの先、どう進化するか？

AIの近未来を予見するために、これまでAIの進化の過程を解説します。この数年でAIの学習レベルは急速に進化しています。AIがAIを作りだし、AIがAIの正しさを監視するなど新しい仕組みが開発されています。

AIは間違える

AIは万能ではありません。設計者が想定しなかった間違えをしてしまうことは、実のところ良くあります。なぜAIは間違えるのでしょうか？　AIが導く答えは偶然の産物という人もいます。その理由とAIを信頼できるものにするための方法を解説します。

AIの中に芽生えた悪意や差別意識

AIの学習過程が高度に自動化したために、AIが人を欺くような動作をするようなことが起きています。AIが導く結果に悪意や差別意識が含まれるようにもなり、またAIによってフェイクニュースやフェイク動画を簡単に作れるようになってしまいました。それらの仕組みと対策について解説します。

AIの研究最前線

AIは世界中の研究者により日々改良が進んでいます。その実態を知ることは近未来のAI像をイメージするのに重要です。世界のいったい誰がAI研究をリードしているのか？　AI研究は、どのようなモチベーションで行われているのか？　AI研究のプログラムはなぜオープンソースとして無料で公開されることが多いのか？　AI研究は華やかに見えるなかで、闇も存在しています。世界のAI研究と研究者の実像に迫ります。

AIを使いこなすには？

AIは複合的な技術です。AIを使いこなすことは料理に例えることができます。良い食材があっても、それだけでは料理になりません。レシピがあり調理道具が揃い、そこに料理人がいてようやく料理ができあがります。AIの世界も同様で、何か一つのプログラムがあれば、システムが完成して良い答えが導けるということはありません。

AIに投資すべきタイミングは？

AIを実際に使う際に、もしくは会社でAIを用いた事業に投資する際に、早ければ早いほど良い場合もありますが、思い立ったら吉日ではない場合もあります。AIには、いくつもの種類があり、それぞれ得意不得意があります。本書では、ビジネスモデルとAIの精度との関係から、AI投資を成功させる要素について考えます。またAIを適用するにあたり、技術だけでは解決できないことがあるのも大きな課題です。例えば自動運転AIの「ある人を助けるために他の人を犠牲にするのは許されるか？」というトロッコ問題は有名です。倫理面や法律面の整備が求められる点についても考慮が必要です。

本書では、企業や大学のAI研究者が見ている世界観を、俯瞰的に読者と共有することを目指しています。必要な理論は、抽象的にし過ぎると逆に分かりにくくなりますので、できるだけ正面から取り上げます。

本書をお読みいただくことで、「AI内部の仕組み」はもちろん、「AIの研究者が考えているAIの未来や価値観」そして「AIの正しい利用法や適切な投資のタイミング」などを知ることができます。AIをビジネスで活用する場合には、いわゆる「データサイエンティスト」や「AIエンジニア」と呼ばれる技術系の人たちと、同じ目線で会話ができるようにもなるようことを目指しました。

本書が読者のみなさんのお役に立てば幸いです。

2020年3月

東京大学大学院博士課程／株式会社TDAI Lab代表　福馬 智生
早稲田情報技術研究所代表　加藤 浩一

世界一カンタンで実戦的な

文系のための

人工知能の教科書

第1章

「AIってスゴイ!」と思ってしまう理由

1-1

なぜ人は「AIってスゴイ!」と思ってしまうのですか?

一つのことを
人並みにこなせると、
人はＡＩを万能と
思い込んでしまうからです。

世の中には“AI”と呼ばれるものがたくさん存在します。近年AIは、製造、流通、サービス、金融、情報通信、医療、社会インフラなど、ほとんど全てのビジネス領域に利用が進み、社会に浸透してきています。

身近なAIだけでも、

- 検索エンジン
- スマホの音声認識
- あなたにおすすめの商品表示
- スマートスピーカー
- 自動ブレーキ、自動運転
- 資産運用サービス
- お掃除ロボット

など、とても書ききれません。これらの一部は昨今の質の高い生活を送るために欠かせない存在です。

AIがより「身近」になっているということを示す上でわかりやすいのはこの図でしょう。

図1

Googleにおける深層学習利用の増加

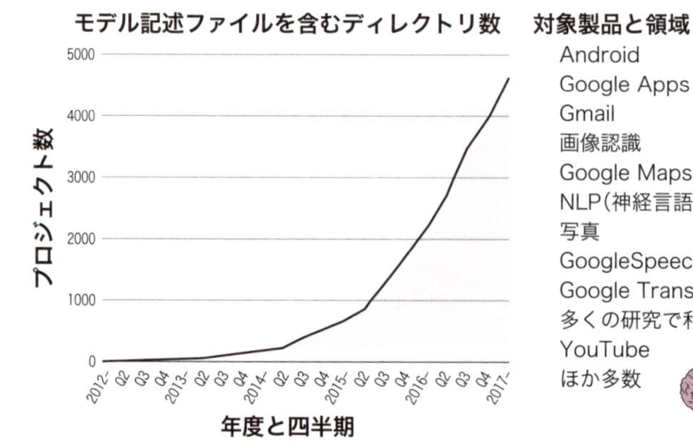

これはグーグル社の提供するサービス内で、ディープラーニング技術(昨今のAIブームの中心的技術で詳しくはXXX節を参照)が、どれだけ同社サービス内で使われてきたかを示したものです。2014年ぐらいから、指数的に利用が増加しているのがわかります。

マッキンゼー(McKinsey Global Institute)によると、今後、小売、旅行、交通・物流、自動運転、……の順でAIの市場規模が増えると予測されています。

というのも、AIは、何より大量のデータがあるところで、その力を最大限に発揮します。提供するサービスがスマートフォンやPCに結びついている業種やサービスは、ユーザーの行動ログデータが集めやすいので、AIの導入が容易です。

これから先は、IoT(Internet of Things)技術の普及がAIの活用を後押しするでしょう。IoTとは、家電や製造機器などの物理的なものを5G回線等を使ってネットワークに接続する技術です。

コインランドリーの洗濯機、街中の自動販売機、駅のトイレ、作業員のヘルメット、工場の工作機器、家庭内の様々な電気製品など、多くのモノがネットワークに接続されて、AIにデータを提供し始めます。

これらデータは、従来存在していなかっただけに、今後まったく新しいAIを用いたビジネスが創出されると考えられています。

AIが持つ神秘性の謎

多くの人は、AIという知能に何らかの不安を覚えます。そして人の能力を超えるといわれるAIに神秘的なものを感じることがあります。この節では、まずAIがなぜそのように受け取られるのかから考えていきましょう。

従来のコンピュータでは、それがいくら高機能になろうとも、人はそのシステムに神秘性を感じることはありません。

AIと従来からのコンピュータとの違いは、「知能」、しかもそれが「人と同程度か人を超えるレベル」を持つか持たないかです。

現在、“世間的”に“AI”と呼ばれているものは、“研究者”の定義では、次の二つに大別されます。

図2

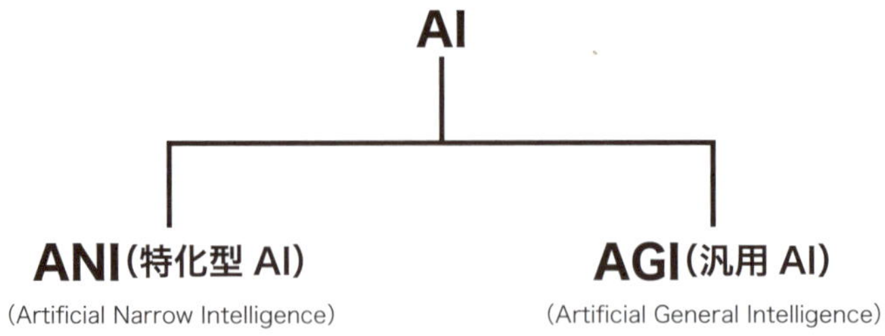

この二つの定義の内、今身の回りにある「全てのAI」は、左側のANI（Artificial Narrow Intelligence）　特化型人工知能と呼ばれるものです。ANIとは、何か一つのタスク（仕事）に特化したAIのことです。

もう一つの定義は、AGI（Artificial General Intelligence）汎用人工知能と呼ばれるものです。

こちらはいわゆる人のようなAIで、「人ができることならなんでも行える、もしくは人以上に高度なことを行うことのできる汎用的なAI」を指します。いわゆるSF映画に登場するようなAIです。

まず大前提として理解が必要なことは、昨今のAIの発展は、およそ全てANIで起きているということです。

ANI特化型人工知能といっても、その発展はすさまじいため、AGI汎用人工知能と見間違うような振る舞いをするものもあり、それが人々に人を超える人工の「知能」を感じさせています。

実際には、決められた作業を行うAIでも、人に代わる汎用的なAIに見えてしまう。これがAIに神秘性を感じる理由です。

しかし現実には、幸か不幸か、AGIと呼ばれる真の汎用AIは、この世に存在していません。研究が進めば進むほど、AGIは概念的なもので、その実現が困難であると考えるのが、多くの研究者の間で共通認識になっています。

AGIについては、「AGIという概念のものはできない」という仮説を肯定したり否定したりする場面で用いられる以上には、なっていないともいえます。

ちなみに、「**2045年問題**」というものがあります。米国のAI研究者である**レイ・カーツワイル氏**による一つの仮説で、2045年にはAIが自己進化（AIがAIを開発し始める）を行えるようになり、その性能は人間を超えるだろう。人類の進化はAIに委ねられるようになるため、それ以降の進化を人間が予想できなくなる…というものです。

2018年11月に出版されたMartin Ford著『Architects of Intelligence: The truth about AI from the people building it』では、AI研究で世界トップレベルの著名な23人にインタビューをしています。その中で、AGIの実現時期について16名が回答し、その平均は2099年でした。

AGIの実現について、多くの研究者が現時点で否定的であるのは事実ですが、それでも例えばマイクロソフト社は、2019年にAGIの実現に向け10億ドルを投資すると発表しています。

POINT

- AI機能が搭載されたサービスや製品は身の回りにたくさんあり拡大傾向
- AIは既存の仕事の効率性（パフォーマンス）の向上を促す
- データが多く集まるところは、AIを用いることが容易で、サービスの改善や新しい付加価値を提供しやすい
- AIはANIとAGIに大別でき、現在起きているAIの発展はANI
- ANIは一つのタスクに特化したAI
- AGIは人のようにたくさんのことを行えるAI、しかし概念的で実際には存在していない

第2章

AIの正体

2-1　何ができたらAIと呼べるのですか？
2-2　AIが考える合理的とはどういうことですか？
2-3　AIはどうやって最高の一手を選ぶのですか？
2-4　AIはどうやって失敗から学ぶのですか？
2-5　どうしてAIには大量のデータが必要なのですか？

2-1

何ができたら AIと呼べるのですか？

人が決めた行動範囲で、
合理的な行動をとれたら
ＡＩと呼べます。

AIの中身を説明していく前に、どのようなことができたら「AI」と呼ぶことができるのか、ここでは「AIの定義」について考えてみます。

AIの定義は、何処に身を置くかで解釈が異なるため、誰にとっても共通の定義が存在しないといわれています。心理学者、社会学者、哲学者、数学者など、それぞれの人たちによって考える定義は異なります。

しかし、それでは議論が前に進みませんので、およそ共通と思われる根底にあるところをまとめてみます。

AIの定義は大きく次の四つに分けることができます。

図3

(1) 人間のように思考するシステム：認知モデルアプローチ	(3) 合理的に思考するシステム：思考の法則によるアプローチ
・「計算機が考えるようにする、真の意味で心を持った機械を作る刺激的で新しい試み」（Haugeland、1985） ・「人間の思考に関連した活動：意志決定、問題解決、学習、…の自動化」（Bellman, 1978）	・「計算モデルを用いた心の機能の研究」（Charniak and McDermott, 1985） ・「認識、推論、行為を可能にする計算の研究」（Winston、1992）
(2) 人間のように行動するシステム：チューリングテスト[1]アプローチ	**(4) 合理的に行動するシステム：合理的エージェント[2]アプローチ**
・「人間が行う場合には知能を必要とする機能を達成する機械を作る技術」（Kurzweil、1990） ・「今のところ人間のほうがうまくできている事柄を計算機にさせる研究」（Rich and Knight、1991）	・「知能を計算プロセスとして説明・模擬することを目的とする研究分野」（Schalkoff、1990） ・「人工物の知的行動に関する研究」（Luger and Stubblefield、1993）

- 「人間のように思考する」（図3の左上）
- 「人間のように行動する」（図3の左下）

1) チューリングテスト：コンピュータが知能をもっているかどうか判定するテスト（Alan Turing, 1950）。人間の質問者が書面による質問を提示し、書面による返答を受け取るということを繰り返したあとで、それらの返答が人間からきたものかコンピュータからきたものか区別できなかったら、コンピュータはテストに合格したことになる。

2) エージェント：自律動作、環境認識、長期の持続性、変化への対応、他者の目標の代行などを行う行動主体とみなせるコンピュータプログラム。合理的エージェントとは、最高の結果を達成するために行動主体のこと。

- 「合理的に思考する」（図3の右上）
- 「合理的な行動をする」（図3の右下）

AIというものに対して、「思考性」もしくは「行動性」に着目し分類するケースと、「人間性」もしくは「合理性」で分類するケースに分けられるということです。

これらは全てAIの定義として、いずれも可能性を持つものです。

それでは、この四つの中でどれが現在のAIの姿に一番近いといえるでしょうか？

結論からいうと、四つ目の「合理的に行動するシステム」が、現在のAIを一番適切に表現していると考えるのが多くの研究者の一致するところです。

2-2節以降では、この「合理的に行動するシステム」の「合理的」とは何か、「行動」とは何かについて解説していきます。

AIの行動範囲はこうして決まる

現在のAIは、多くの研究者が「合理的に行動するシステム」と定義していることをお話しました。この章では、まずその「行動」とは何かから見ていきましょう。

コントローラーを握るAI

AIを理解する上で、極めて重要な基本があります。すごくあたり前のことですが、「AIが行える行動のパターンは、あらかじめ決められている」ということです。

例として、ゲームをするAIを考えてみましょう。ゲームを操作するコントローラーを握るのがAIという設定です。ゲームのコントローラーにはあらかじめボタンなどが用意されており、このボタン一つ一つがAIにとっての行動範囲になります。重要なのはこれらの取れる「行動選択肢の数が有限」になっているという点です。

図4

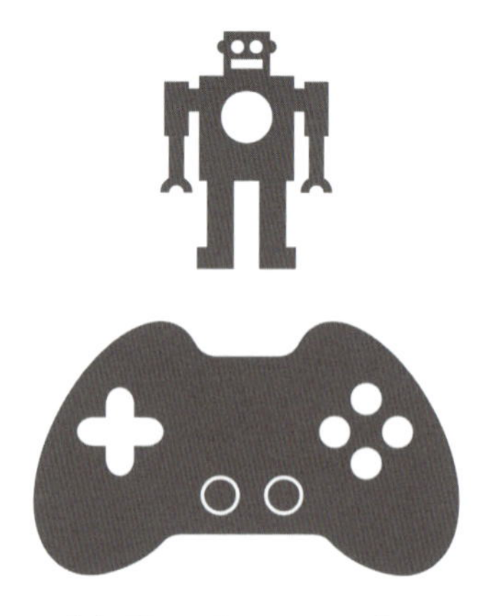

人間が事前に定めた行動選択肢

行動選択肢の数とは、例えば以下のようなことです。

●じゃんけんAI
行動選択肢の数：3個（グー、チョキ、パー）
●迷惑メール判別AI
行動選択肢の数：2個（迷惑メール、非迷惑メール）
●囲碁AI
行動選択肢の数：722個（盤面の縦19マス×横19マス×石の色2色）

これらに共通していることは、「AIの取りうる行動の数は、いずれも事前にAIエンジニア（設計者）によって規定される」ということです。言い換えれば、AIを設計するにあたり何を出力の候補とするか、事前に人が決めないといけません。

スマホを猫と間違えるAI

AIの取りうる行動の数が有限ということは、**AIが「人が想定していない答え（出力）をしてしまう」可能性がある**ということです。

画像認識AIを例にとってみます。ここでの画像認識とは、画像中に映っているものの種類を当てることです。例えば犬の写った写真を与えられる（入力する）と、「犬」と出力するようなAIです。

写真に映っているモノの種類は、なにが写っているか分からないわけですから、可能性として有限ではなく無限です。

しかしAIが、世の中全てのモノを認知できるようにする（カバーする）のは、現実的には困難なので、これまでに説明したように、AIエンジニアは、画像認識AIに対して、あらかじめ想定されうる答え（出力）を用意します。

あまりにあたり前のことですが、写真に何が写っているかという画像認識の答えを1000種類用意した場合には、AIはその1000種類からしか行動の選択をしません。

以下は、10種類の対象物（飛行機、車、鳥、猫、鹿、犬、カエル、馬、船、トラックのデータ）を正しく見分けられるようにAIを設計し学習させたものです。

このAIに「スマホ」の画像を入力してみたところ、AIによる判定は「猫」というものでした。AIは、事前に自分が知っている種類からしか行動を選択することができないからです。

図5

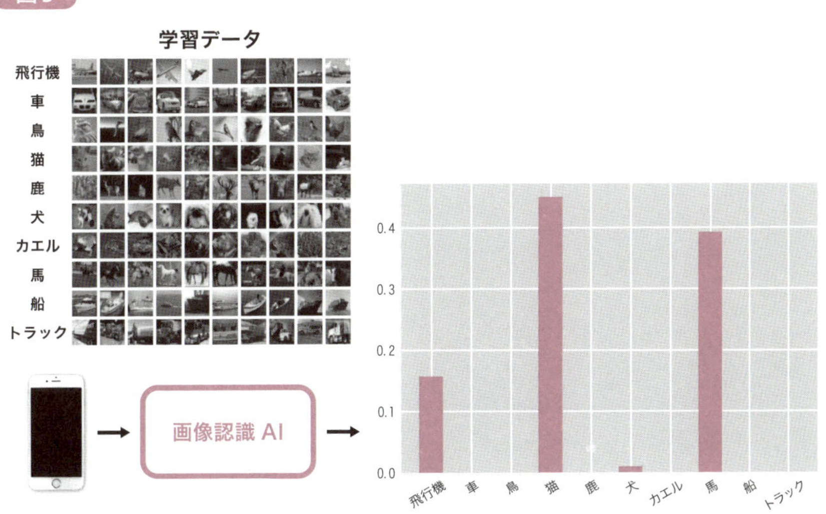

POINT

・AIは各分野の研究者により定義が異なる
・AI研究者によるAIの定義は「合理的な行動をするもの」
・AIの取れる行動は、人によってあらかじめ規定されたものに限定される
・AIは出力としてあらかじめ与えられた候補から行動を一つ選択する

2-2

AIが考える合理的とはどういうことですか？

ＡＩにとっては
「人が決めた打ち手のなかで、
最高の一手を選ぶ」
のが合理的です。

AIが考える合理的とは

2-1節で、AIは「合理的に行動するシステム」と定義されることと、「行動範囲は人が定める必要がある」ことがわかりました。

では続いて、その「合理的な行動」の「合理的」とはどういった意味かを説明しましょう。

人も、感情的にならなければ、およそ「合理的」に行動しているといえます。それでは、「合理的に行動するAI」と聞いたとき、あなたは何をイメージしますか？

AIの合理的とは以下のようなことを意味します。

1. 合理的とは、「ある目標」が「最大限達成されるように行動」すること
2. 合理性は、行った行動のみに注目する。その思考過程は問わない
3. 「ある目標」の達成度は、「効用」の大きさによって表される

1番目と2番目は、詳しく説明しなくてもおよそ見当がつくと思いますが、3番目の「効用」は普段使わない言葉です。これはAIには重要な概念ですので詳しくみていきます。

効用とは

効用とは、「その選択肢をとった場合に、どれだけ目標を達成するために効果的か？」という度合いのことをいいます。

よって、「合理的に行動する」ということは、「効用が最大化される選択肢を選択する」ということになります。

図6のようなシンプルな例を考えてみましょう。

図6

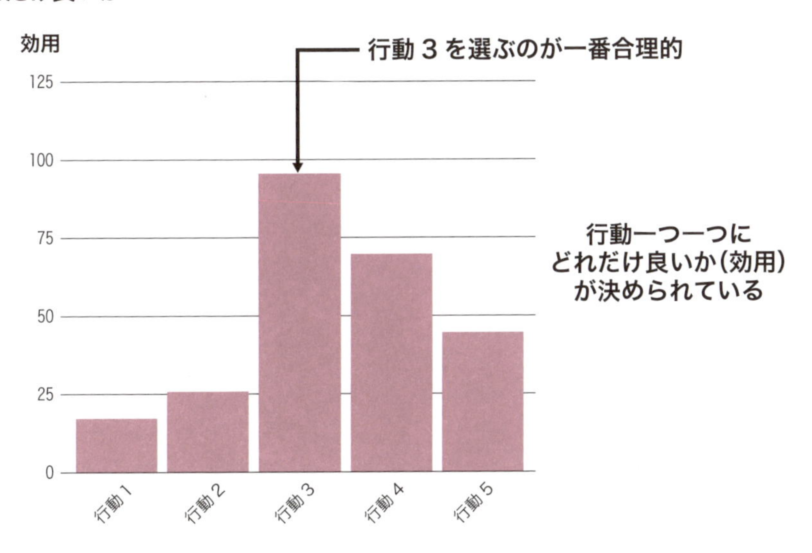

AIには現在取ることのできる選択肢が五つあるとします。そしてそれらの行動のいずれかを選択した場合、どれだけの効用（目標達成のための効果の度合い）があるかを示しています。

横軸が行動の種類で五つあります。縦軸が効用度合いで数字が大きいほど、効用が高いことを意味します。

この例の場合、上記の定義に基づくと、行動3を選択するのが一番合理的になります。

このように、効用の考え方は、非常にシンプルです。

例えば囲碁AIなら盤面全ての打てる候補に対して、打つ場所に対して、それぞれの効用を計算し、最終的に最も効用が高いところを選択するのが合理的であると考えます。

効用の定義がわかったところで、次にどうやってこの効用を内部的に計算しているかをみていきましょう。

POINT

- 合理的とは「ある目標」が「最大限達成されるように行動」するということ。
- 「ある目標」の達成度は効用の大きさ。
- 効用が最大になるような選択を行うことが合理的。
- AIも内部的にそれぞれの行動に対し効用を出力する（計算する）関数をもっている。

2-3

AIはどうやって最高の一手を選ぶのですか？

AIは、人が転びながら
歩き方を学ぶように、
失敗しながら
判断基準を変化させ、
最高の一手を選びます。

AIは入力された情報から、「それぞれの行動がどれくらい良いか（効用）」を計算しており、「その中で最も効用が高い選択肢を取る」という点において「合理的に行動するシステム」であると説明してきました。

この入力から出力への変換を行うAI内部の計算を、「効用関数」と呼ぶことにします。

効用関数は、人間に例えると「価値観」に相当します。人間も現在の状況に応じて、どの選択肢を実行するのが、どれくらい良いかという価値観に基づいて行動を選択しています。この価値観が人間の感覚とあっている場合、AIは人間と同じように行動を選択できることになります。

図7

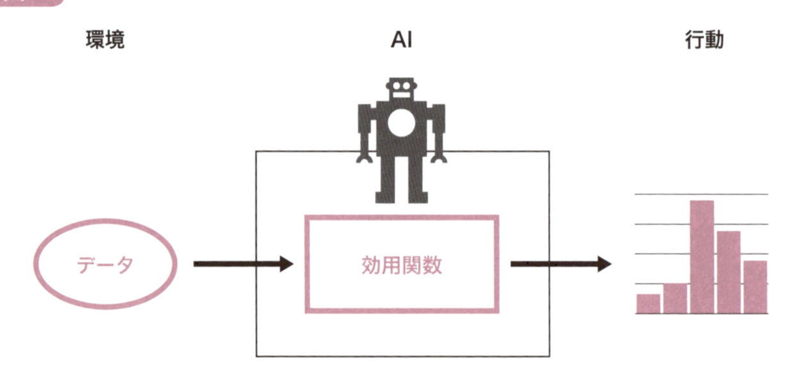

入力情報からどの行動を取るべきか変換する効用関数（内部的価値観）

歩けるようになる赤ちゃんAI

もう少しこの「効用関数」についてみていきましょう。

赤ちゃんを例にしてみると分かりやすいです。赤ちゃんは生まれたばかりのときに歩くことができません。

自分の視覚や足や三半規管からの入力に対し、連続的に関節を動かすために筋肉に力を入れるという行動を、うまくできません。それは、そのような効用関数が構築されていないからと考えられます（筋力の問題は別にありますが）。

しかし、少しずつ動いて（学習して）いくにつれて、どのような行動をとればよいかがだんだん明確化していきます。これは外部の入力から、適切な行動の効用を計算できる内部的な価値観（効用関数）が構築されていると考えられます。

図8

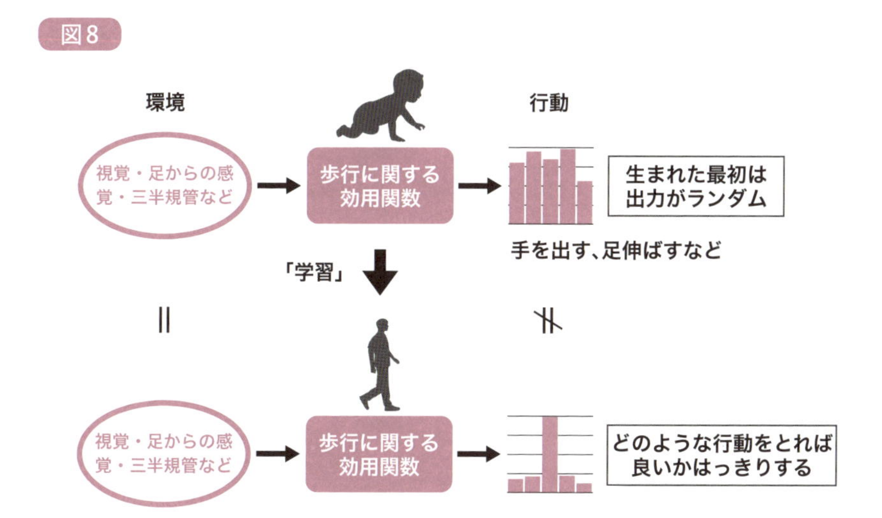

このように「AIが学習するということ」は、「ある特定のタスクに対して“入力に対して適切な出力を行えるような価値判断”を手に入れようとすること」です。

AIの中でも機械学習と呼ばれる分野は、この効用関数の獲得を、「用意されたデータから学習しよう」という試みになります。

具体例として画像認識AIを考えてみます。

画像認識AIは「画像に写っているものはなにか？」を、効用関数が計算します。例えば、リンゴが写っていればリンゴ用の効用関数が導く結果が高い数字になります。もしバナナが写っていなければ、バナナ用の効用関数が導く結果は低い数字になります。

未学習の状態ですと、「画像に含まれているものは何か？」を当てる行動

（意思決定）を行う際、リンゴ用もバナナ用も、その効用関数は、ランダムな数字（無価値な値）を返します。詳しくは後述しますが、この効用関数を意味あるものに、そして正確なものにしていくのが、AIの学習です。

AIの学習は、人と同様に、徐々に間違いから学び、ある一定の学習を行った後には、高い精度で効用を計算できるようになります。

図9は、その学習を進めていくことで精度が上がっていくイメージです。

図9

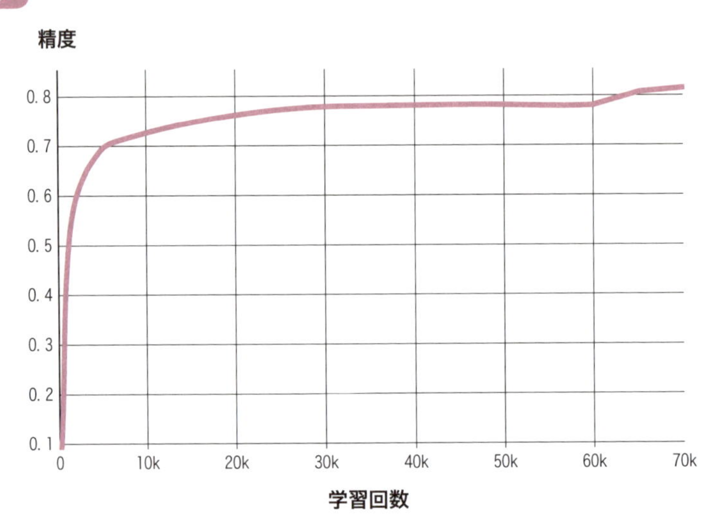

2-4

AIはどうやって失敗から学ぶのですか?

成功や失敗に得点をつけ、
プラスを伸ばし、
マイナスを避けることで
失敗から学びます。
人と同じです。

ここでは、さらに学習の過程をみていきましょう。

赤ちゃんを例に考えた際、どうして歩いたりや言葉を喋れるようになるのでしょうか。その理由の一つは、親が歩く様子を見て、それに反応し、話しかけたりするからです。

これらはいわば「学習するためのシグナル」とみなすことができます。AIも同様に、「学習するためのシグナル」が必要になります。

学習のシグナル

注意すべきは、これらシグナルはコンピュータが理解できるようなシンプルな数字として与えられなくてはいけないということです。

例えば、画像認識では、正解なら1を、不正解なら−1を返せば良いでしょう。

囲碁AIの場合は、勝ったら1の報酬、負けたら−1といったように数字で与えることが考えられます。

抽象的な概念の場合は、AIにそのままシグナルを与えることができません。例えば「民主的」な政策を作るAIを作りたい場合は、そのAIが作った政策に対して、その良さや価値を数字で返す必要があります。

目標とすることに対して、明確に数字で良し悪しを判断できない場合、AIは学習できないということになります。

褒める親、叱る親

上で説明したように、AIは自分が取った行動が、良かったのかどうか、数字の形で受け取ります。

人間に例えると、そのシグナルがプラスであれば褒められていて、マイナスであれば怒られたのと同じです。

AIは、このシグナルに応じて、自らの行動を変化させる様にプログラムされています。

褒められた場合には、その行動をより多く取るように効用関数を変化させます。また怒られた場合には、その行動を抑制するように効用関数を変化させます。

このような調整を少しずつ、繰り返し試行することで、時間をかけて効用関数を調節していきます。これがAIの学習プロセスです。

ここで大事なのは、この学習プロセスでは、AIを育てようとする人の意図が反映された価値観を、AI内の効用関数に反映させているということです。

図10

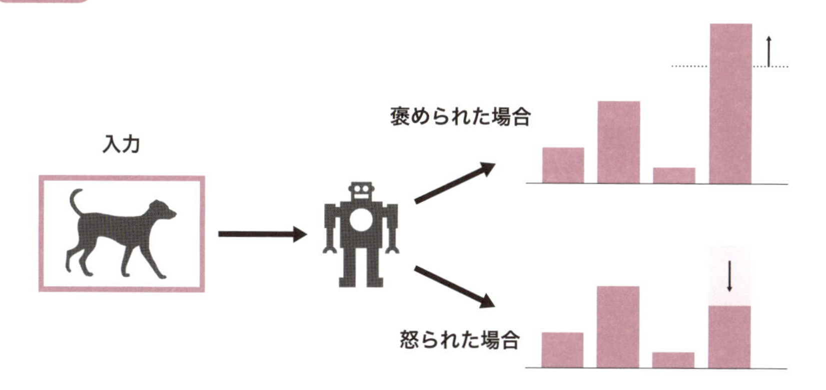

このようなAIの行動に対して、どれだけそれらが良かったか、AIが何を達成しないといけないのかをフィードバックする「親」に相当する部分を、AI用語では「目的関数」と呼びます。

この「目的関数」は、最初に人間が設計する部分です。これらは多くの場合シンプルなプログラムで記述され、画像認識なら「AIの出力の正解率」を計算して出力するプログラムです。

図11

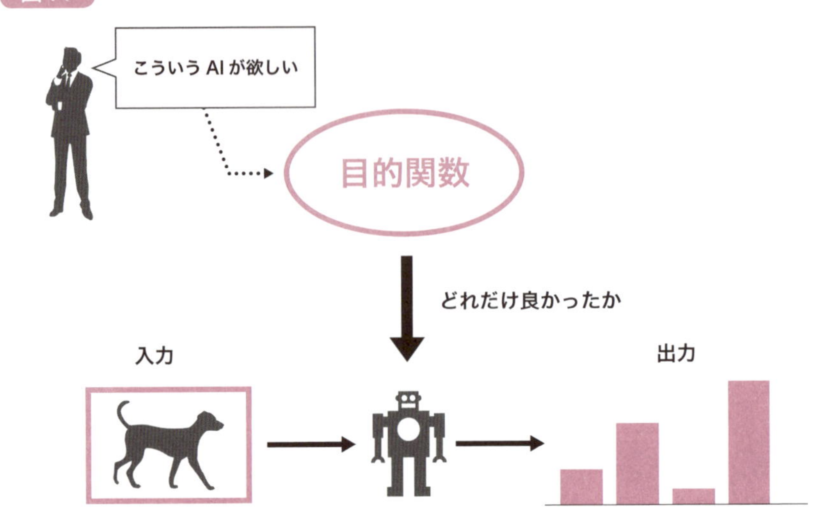

AIと人の学習方法の共通点

AIは、あらかじめ人によって作られた「目的関数」からのフィードバックに従い学習を行います。

人間も実は同様の機構が先天的に備わっています。これらは生存本能に根強く関係するもので、進化の過程で手に入れた脳自身からのフィードバックです。

例えば赤ちゃんが苦いものを口にしたときには、脳の中で不快感を伝える伝達物質が分泌されます。不味いと思った赤ちゃんはその食べ物を食べるという行動を抑制するよう学習します。

さきほどは、AIにフィードバックを与える際に、「数字」でその出来栄えを定量的に評価する必要があると述べました。

対して、人間は脳内分泌物質のドーパミンなどの快楽物質やその他脳から分泌されるホルモンの分泌量やその強さが同様の役割を果たしているのではないかと神経科学の人たちは唱えます。

この点において、人とAIの学習は、似ている部分があるといえます。

図12

人とAIの学習の違い

人間は進化で手に入れた原始的なフィードバックからの学習よりも、さらに高度な学習を行うことができます。というのも、**人は、AIと違い、自らが自らの目的関数を設定することができる**からです。

受験勉強に例えると、〇〇という学校に行きたいと決めるのは自分です。

そして、「そのためにはどうしたらいいか？」という行動を選択するのが、内部的な価値観である「効用関数」でした。

その効用関数は、〇〇という学校に行きたいと思った瞬間は、実際に何をすれば良いかが適切に定まっていないかも知れません。しかし、模試を受けて、そのフィードバックを受けとり、「もっと勉強しなきゃ」という行動を選択する関数を得ていくことができます。この学習方法は、AIの学習の仕組みとなんら変わりません。ここから先がAIと人の違いがでるところです。

人は、〇〇という学校に行きたいという当初の目標を変えるときがあります。今度はアーティストになりたいといったように。

このように人は内部的に「目的関数が変化する」ことがあります。AIはというと、一度その目的関数を人によって与えられたら、それより先に自ら目的関数を変化させることはありません。この違いは、どうして起こるのでしょうか？

それは、人の目的関数が多層になっていることに由来するからと考えられます。例えば、最も原始的な脳に快楽物質を最大にしようといった目的関数があるとします。すると、人はそれを達成するには、どのような目的関数をセットすればいいのかを模索します。お金を稼ぐといったことかもしれません。

お金を稼ぐという目的関数から効用関数を学習し、実際に稼げるように学習した後、実は「そもそもの目的関数を満たすような目的関数の設定があるかも知れない」とメタ的に考えることがあります。

時間が経過し、経験とともに別の目的関数として「家族」を設定することもあります。例えば家族との時間を長くとるといったものです。

このように「人は自らに目的関数を多層に設定できる」という点で、AIとは大きく異なります。ある意味人間は進化由来の原始的な目的を満たすために、最適な目的関数を探すという、ある種ゲームのようなことを行なっているのかもしれません。

POINT

- AIにとって目的関数を与えられ効用関数を学ぶステップは人間もまた一緒
- 人間の目的関数は進化に由来し、生まれながらに持っている部分と生きながら変化する部分がある
- 人間もAIと同じく量的に良さを脳からのドーパミンなどの量によって規定されているのではという意見もある

2-5

どうしてAIには大量のデータが必要なのですか？

ＡＩに何かを教えるには、
いつでも赤ちゃんに物事を
教えるようにしなければ
ならないからです。

「AIを学習させるためにはデータが必要」といわれます。それはなぜでしょうか？　このことは、AIの仕組みを理解するのにとても重要です。

頭の悪いAI

AIと人の学習の違いで大きく異なる点として、「学習の効率性」が挙げられます。

例えば人は「これがトリだよ」と教えられれば、一回で他の似たようなものも「トリ」と判断することができるでしょう。

一方現在のAIは、一回教えただけでは、他の似たような「トリ」をトリと判定するような汎用的な学習はできません。

図13

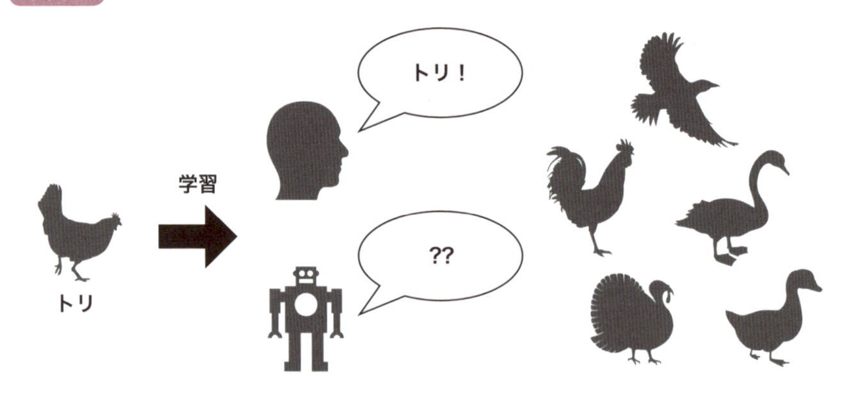

人間の学習が効率的な理由

なぜ人は効率的に学習できるのでしょうか。いくつか理由が考えられます。

一つ目に、人間は生まれた瞬間から、目や耳や鼻などのあらゆるセンサーから情報が大量に流れこみ、AIでいうところの“学習”を常にし続けている状態です。生まれたてのAIと異なり、既に多くの学習をしているから効率的であるということができます。

二つ目に、出力させたいクラス（カテゴリー）について、人は「その意味」を知っているという点です。

先ほどのトリというクラスを学習する場合、そのトリというのは「生き物の種類を指しており、そのモノがどこを向いているか、飛んでいるか、エサを食べているかなどに左右されない」という暗黙的なルールを、過去の経験から理解しているという点です。

AIにはそのような経験がなく、トリというのは暗号のような記号を覚えさせられているのであって、何に着目していいのかは一枚の画像からは判断（学習）ができないわけです。

そのため、AIには大量のデータを用意して、それらの概念（特徴）を学習してもらう必要があるのです。

AIに正解を教える作業「アノテーション」とは？

ここではAIの学習用データを用意するのに、切っても切れない関係にある「アノテーション」について説明をします。アノテーションとは一般には、注釈や注記といった意味です。

AIにおけるアノテーションとは、AIに何かタスクを解かせたい場合のその答え（正解）に相当するものです。

図14

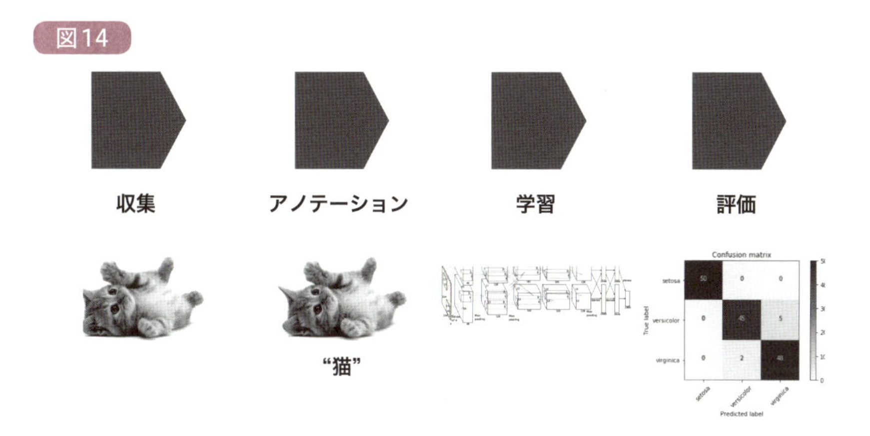

AIは、自分の行った行動に対して、それが良かったのか悪かったのかのフィードバックを受けて学習を行います。

このフィードバックを行う役割（目的関数）は、本来人間が行うことも可能ではあります。AIが出力する数万枚の画像それぞれに対して、「AIが猫と判定した写真に、実際に猫が写っているかどうか？」その正解・不正解を、人間が一つずつ見てAIにフィードバックすることは不可能ではありません。

一度いわれただけでは、また同じミスをしてしまうのが人ともいえますが、AIの学習アルゴリズムは、人よりもずっと不効率で、膨大な試行が必要になります。一度教えた画像に対して、正解を出した後にも、学習を進めるにつれて、それと違う答えをすることだってあります。

人同士のインタラクション（やり取り）では、親が褒めたり、採点されたテストの点数などがフィードバックになり、学習します。人なら、犬の画像を見せて「これは犬っていうんだ」と教えれば、他の犬の写った画像を見たときに「これは犬だ」と判断できます。

しかしAIにこのような所望の動きを得るためには、「これは犬っていうんだ」という作業は一度では不十分で、類似の画像を大量に見せて、その特徴を学習させる必要があります。

よって学習は一度だけでなく延々と行う必要があります。そのことを考えると、正解・不正解を伝えるのを、人が担当するのは非現実的だとおわかりいただけると思います。

それを解決するために、AIに学習を行わせる際に、あらかじめ学習用データに正解も記録保存しておきます。これを「アノテーション」といいます。猫が写っている写真に、“猫”という文字列も一緒に記録するイメージです。

AIは、学習の過程で、その正解データを自動的に参照し、正解なら1を、間違っていたら－1のように返すようなプログラムによりフィードバックを得ます。

アノテーションとは、AIを学習させるために重要なデータを作ることで、それが準備できれば、AIの学習を自動化させることができるようになります。そのためアノテーション付きのデータというのはAIの学習を可能にするために必要不可欠といえます。

このような学習の自動化は2-4節で説明した目的関数に相当します。

AI画家やAIミュージシャンは誕生するか？

AIによる作曲は、最近のAIでもまだ上手くいっていない領域です。

AIは、たくさんの過去の曲を学習し、作曲することまでは実現していますが、人が聞いてみると、どこか不自然に感じることがあります。

音楽の出来の良さといったような芸術性を伴うものは、やはり人が直接評価する必要があるようです。

現在のAIの仕組みでは、学習の途中で人に聞いてもらい、そのフィードバックを人が直接行うのは、すなわちAIの学習ループに人間を介在させるのは、学習の効率の観点でなかなか実用的ではありません。

そのため芸術のようなファジーな概念の学習は、なかなかうまくいっていません。芸術自体が、定量化できないところに価値があるためともいえます。

しかし将来的にAIの学習の効率性が高くなった際には、学習のループに人が入ることも夢ではありません。学習途中でAIが生成した曲に対して、ここもっとこうしたほうがいいという情報を人間が与えることで、よりアノテーションとして用意しにくいファジーな表現も手に入れることができるという考えです。近年のAI技術の進歩から鑑みるに可能性は十分あると考えられます。

第3章

AIはどのように進化してきたのか？

3-1　なぜ、いまAIが注目されているのですか？
3-2　AI研究が急拡大しているという根拠はなんですか？
3-3　昔のAIってどんなものだったのですか？
3-4　昔のAIと今のAIのちがいは何ですか？
3-5　機械学習って何ですか？

3-1

なぜ、いまAIが注目されているのですか？

いまのAIブームは、
実は三度目の正直。
50年以上研究されてきた
成果が実を結んでいます。

将来のAIを予見するために、まずはこれまでのAIブームと技術進化の歴史を簡単に振り返ってみましょう。

第1次AI（人工知能）ブーム！ そして冬がくる

AI（人工知能）の誕生は1956年。アメリカのダートマス大学でAI（人工知能）という概念が発表されました。当時のコンピュータの性能は低く、またAI理論も簡単なゲームを解くレベルでしかなかったため、実用にはほど遠く、すぐにブームは冷めました。

第2次AI（人工知能）ブーム！ またしても冬がくる

コンピュータの性能があがってきた1980年代には、人間が行う簡単なルールをコンピュータに教える「ルールベース（エキスパート）システム」が生まれました。

「もし……ならば、それは……である」という専門家の知識をプログラミングすれば、誰でも同様の仕事ができるようになるというもので、ビジネスでの適用が進みました。

しかしながら、専門家の知識をルールにするのが難しい場合や、ルールにできてもルール同士が矛盾するなどの問題も現れ、適用業務に限界があることもわかってきたために、「万能なAIが出現するのでは？」という期待は萎み、ルールベースシステムの適用は進んだものの、いわゆるAIブームは下火になりました。

第3次AI（人工知能）ブーム！ そして冬が明ける

そして2013年、長い冬が明け現在の第3次AIブームが訪れてました。

その要因は、これまで説明してきたように「大量のデータを学習して、人の言葉を理解し、画像を見分けることができるなど、「機械学習」が実用化されたからです。そして最も貢献した技術が「ディープラーニング」です。

これら三つのブームを振り返りますと、歴史が浅いと思われるAIですが、概念レベルでは50年間以上研究が続けられてきているともいえます。

3-2

AI研究が急拡大しているという根拠はなんですか？

AIに関する論文の数は、
2016年と比べて
倍増しています。
それだけ新しい知見が
生まれています。

では、第3次AIブームがどれだけ盛り上がっているか、AI分野の論文の数で確認してみようと思います。科学や統計などの様々な論文が公開されているオープンウェブサイトarXiv（アーカイブ）で見てみましょう。図15は、AI分野の論文の数を表しています。2008年ごろから論文数が増えたのが分かります。

図15

arXivからダウンロードされた論文の数

2018年11月18日までに「artificial intelligence」セクションで参照できる全論文を対象に調査

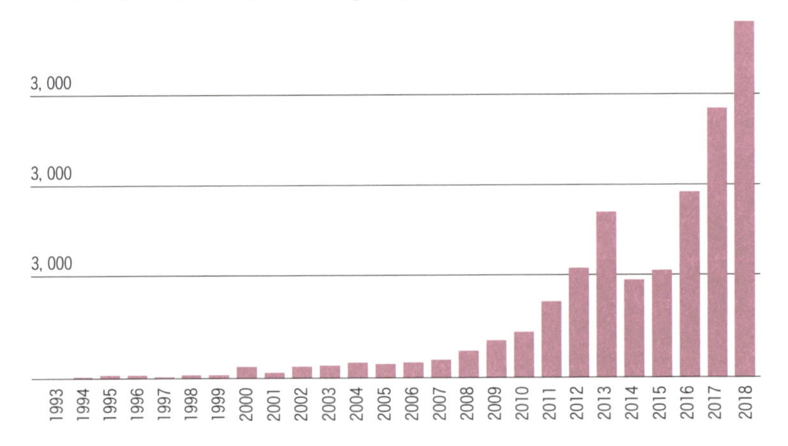

アプローチのはやり廃り

AIを実現するための要素技術は、これまでいろいろな技術がその優位性を競っていました。

その一つであるディープラーニングは、今やAIの代名詞的に使われていて、新しい手法と思われがちですが、実は古くからある手法です。

ニューラルネットワーク（ここではディープラーニングとほぼ同義として扱います）は、1990年には研究されていた技術です。

次の図16を見ていただくと、年度別に、どんな技術の研究論文が多かったかがわかります。

図16

ニューラルネットワークはその他の機械学習メソッドを凌駕しつつある

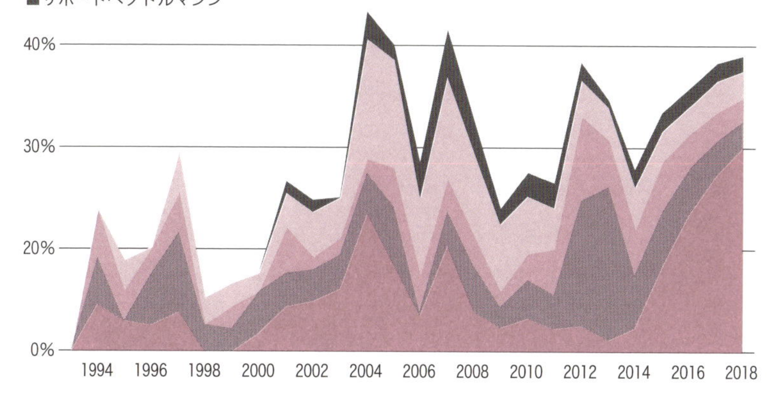

ニューラルネットワーク	脳機能に見られるいくつかの特性に類似した数理的モデル（現代の深層学習の基盤）
ベイジアンネットワーク	様々な現象を確率などを用いて数理的に記述し、（因果関係を）視覚的に表現する方法
マルコフ過程	複数の状態を時系列にわたって行き来するような現象を数学的に記述するモデル
進化的アルゴリズム	「進化」という生物学的機構にヒントを得て考案された問題解決手法で、最適化計算などに用いられる
サポートベクターマシン	二値分類（2種類にグループ分けする）を行うための優秀な性能を持つ古典的機械学習手法（1963年発案）

2000年ぐらいまでは、どの技術もどんぐりの背比べ。その後、2007年ぐらいまではニューラルネットワークとマルコフモデル（Markov Model）に人気が集まり、2013年にベイジアンネットワーク（bayesian networks）が瞬間的に伸びるも、2015年以降ニューラルネットワークが大きな伸びを見せていることがわかります[3]。

3) マルコフモデルは確率論を用いたもの。ベイジアンネットワークは因果関係を確率で記述するもの。ニューラルネットワークは脳機能の特性を模したもの。

AIを実現するための要素技術は、これまでさまざまな技術が流行っては廃れを繰り返してきたことがわかります。AIを理解したいといった場合、どのようにAIが構成されているか（How）といった中身よりも、どのように振る舞うものか（What）に着目すべきだといえます。10年後のAIと呼ばれるものは、現在のAIとまた違った内部構造をしているはずだからです。

本書の「はじめに」で紹介したお笑い芸人さんのコントを思い出してください。

今のAIブーム、特にディープラーニングに後押しされた技術は、たしかにAIの可能性を大きく前に進めました。しかし、もしかしたらそれが未来のAIの発展を大きく遅らせているということがあるのかもしれません。

3-3

昔のAIってどんなもの だったのですか？

「もし○○なら××せよ」
というルールを
たくさん決めて
作られていました。
分野によっては、
いまも現役です。

それって本当にAI？

世の中には「それって本当にAIなの？」と思えるものにまで「AI」と名がついたシステムが出回っています。

これまで説明してきたように、データを学習するタイプのAIを「機械学習AI」と呼びます。ここでは機械学習の説明に入る前に、「機械学習ではないAI」について説明します。

とかくAI＝機械学習のように思われがちですが、機械学習でないAIも歴史的には「真っ当なAI」として見なされてきた経緯があります。

そのようなAIは一般的に「ルールベースシステム（別名エキスパートシステム）」と呼ばれています。これらは人の知識を、「機械が分かる表現」に置き換えてコンピュータに埋め込んだものと定義することができます。

ここでいう「表現」とは事前に人間が「もし○○なら××（If ○○ then ××）」といったルールや知識を大量にプログラムに記述しておくことです。

図17

ルールベース AI

人が「知識」の構造に落とし込む

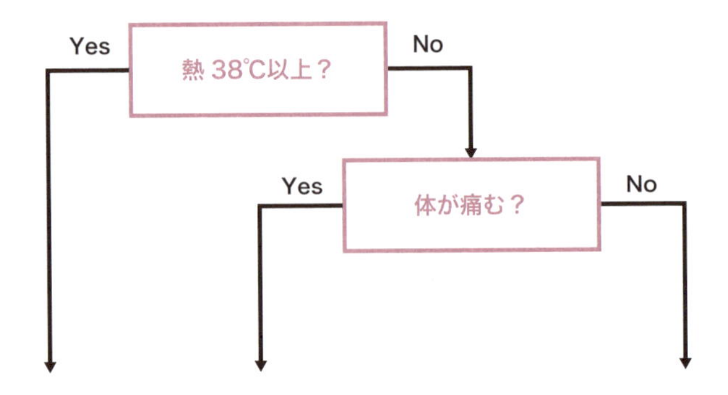

それによりコンピュータがそれらのルールに従って推論出来るようにします。例えば、体調の悪い人が、「熱が38度以上ある」「体中が痛む」「今は冬だ」といった症状を入力すると、「インフルエンザである」と診断を下すようなシステムを指します（図17参照）。

こうしたシステムは今でもカスタマーサポートのためのチャットボットや飛行機の自動操縦などに使われています。こうしたチャットボットは「〇〇という単語を含んでいたらXXを返す」といったような大量の想定パターンを用意し、それに基づいて制御を行っています。

ルールベースAIのメリット・デメリット

では、ルールベースAIのデメリットは何でしょうか？　皆さんもチャットボットを使ったことがあれば分かると思いますが、ちょっとでも想定外のことを問いかけると「すみません、よくわかりません」というように、期待する答えが返ってきません。これは、その入力が、プログラマーが当初想定したパターンのどれにも該当しなかったために起きます。

ルールベースAIを成り立たせるには、人間の持っている知識や想定される状況を網羅的にプログラムに落とす（書き込む）ことが求められるわけです。長所と短所を見てみましょう。

ルールベースAIの長所	ルールベースAIの短所
・なぜAIがそのような判断に至ったかといった結果の可読性が高い（見直しが簡単） ・ルールを追加する際の手続きが容易	・ルールが多くなりすぎると、例外処理などが複雑になる。管理が煩雑になる。

ルールベースAIは、人間が定めたルールに則って行動を行うという点において、AIの定義とされている「合理的に行動している」に適合します。そのような観点から、これらルールベースのシステムは、AIであるということができます。

人は、人のように挙動する中身がブラックボックス化されたものに知性（知能）を感じます。世間一般には、そのようなものをAIと考えることが普通です。そして、ルールベースの場合は、ただのプログラミングと思う傾向があります。しかしながら、AI研究者の中では、どちらも立派なAIです。

ルールベースAIの繁栄と衰退

ルールベースAIが特に注目されていたのは1980年代でした。

この時代のAI開発は、専門家の作業を自動化することを目的としていました。専門家の仕事の知識を如何に体系的に整理し、ルールとして落とし込むかが重要でした。

例えば、企業会計については明確なルールがあります。もちろん企業ごとに設定される項目もあるものの、そのルールさえ決めてしまえば、簿記の手順に沿って作業を行うだけです。業務をルール化できるジャンルにおいては、ルールベースAIは圧倒的に業務を効率化することができます。

しかしルールベースAIは、限られた分野ではある程度の成功はあったものの、総じてあまりうまくいきませんでした。

理由はさきほどの欠点で見たように、大抵の場合、必要なルールの数が膨大になってしまうこと、ルールから外れた場合の例外に関する処理をプログラムに落とし込むことが非常にハイコストだったためです。

また、画像を構成する画素データや、音声を構成する波形データなど、そもそもルールを規定しにくい分野への適応が困難でした。

そのため、第2次AIブームはAI研究を行う人の間では失意の下に終了してしまい、1990年代に冬の時代を迎えることとなりました。

ルールベースAIシステムが向くジャンル

第2次AIブームが冬の時代を迎えても、ルールベースAIが機能しないということはありません。うまく行かなかった理由を踏まえて得意な領域を考えてみましょう。

次の2点は、ルールベースAIに向くケースで、機械学習型のAIには不向きなものです。

1. ルールが明確で例外が少ない
2. データが少数

一つ目は、ルールが定義しやすい分野です。

先ほどの企業会計のように、業務に例外が少なく、およそルール通りに処理を行うジャンルにおいては、圧倒的にルールベースAIの方が、金銭的にも工数的にも導入コストを抑えることができます。

二つ目は学習用のデータ量が限られている場合です。

機械学習AIでは、極めて大量のデータが必要になります。それはAIが自ら学習してルールを作り出すためです。

一方ルールベースの場合は、熟練者（エキスパート）があらかじめ保持している知識を用いてそれをコンピュータにプログラムしていくので、その熟練者の持つ（知っている）ルールが完璧ならば、学習用のデータを収集しなくても、精度の高いシステムを完成させることができます。

最後に：最適なAIを選択するポイント

現在でも、一般的には、ルールベースで動作するシステムを、AIとみなさない、もしくは機械学習よりも価値が劣るといったような間違った考えが多くみられます。投資効率を高めるためにも、ルールベースAIを、正しい価値基準で判断してほしいと思います。

「ルールベースAI＝古い＝役に立たない　VS　機械学習＝新しい＝役に立つ」という図式ではなく、「ルール化された業務→ルールベースAI　VS　ルール化できない業務→機械学習」と捉えてください。

POINT

- ルールベースなAIは人間の知恵をif 〜 then 〜などの条件の形にして制御したシステム
- AIが行なった意思決定の可読性が高い
- ルール化さえできてしまえば人の知識を埋め込むのにハードルが低い
- 例外処理が多い場合やそもそもルールを既定できない場合に弱い
- しかしルールが規定できるような問題の場合、機械学習よりもはるかに、構築コストや可読性の点から優れている
- ルールベースAIを軽視せず、向き不向きに応じて適用する

3-4

昔のAIと今のAIのちがいは何ですか？

「機械学習」という技術が使われているのが、いまのＡＩの特徴です。自動運転技術などでも使われています。

機械学習

この節では、いよいよ機械学習とは何か、そしてそれはなぜ必要になるのかを考えていきます。

まず、エキスパートシステムの課題を振り返ってみます。

エキスパートシステムの課題は「複雑なタスク（業務）になるほどルールの構築が煩雑になり、定義するのが事実上不可能になる」という点でした。より汎用的なシステムを作るとなれば、全てのルールを人が定義して設定するのは難しいわけです。

そこで、発想の転換が行われることになります。

「**入力のデータと、出力してほしい結果という二つのペアのデータをたくさん用意するので、その間のルールを、機械に自動的に発見してもらおう**」といった考え方です。

機械学習とは何か

まず機械学習が何を行おうとしているかを考える上で、「AからBといった入出力に対して変換を行うというイメージ」をまず持っておくことが大事です。

図18

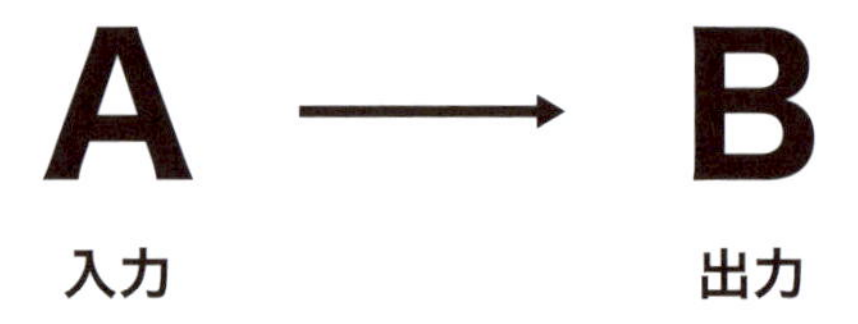

このようにA→Bの変換を行う他の例を考えてみましょう。

図19

入力（A）	→	出力（B）	アプリケーション
音声	→	文字情報	音声認識
Email	→	スパム？（0/1）	スパムフィルタリング
英語	→	中国語	機械翻訳
広告・ユーザ情報	→	クリック？（0/1）	オンライ広告
画像・レーダ情報	→	他の車位置	自動運転
電話の画像	→	欠陥品？（0/1）	外観検査

- メールという入力がある場合にスパムかどうかを判定するスパムフィルタリングアプリケーション
- 音声という入力からテキストを出力する音声認識アプリケーション
- 英語の入力に対して中国語の出力を返す機械翻訳アプリケーション
- 広告とユーザー情報からその人がクリックするか否かを分析するオンライン広告アプリケーション
- 画像やレーダー情報から他の車がどこにいるか認識する自動運転アプリケーション
- 携帯の画像から外観に欠陥があるか検査する外観検査アプリケーション

これらのすぐ思い浮かぶようなアプリケーションの例には、必ず何かしらの入力（A）と出力（B）の関係があることがわかります。これがデータの入出力の関係になります。

機械学習がうまくいく理由

画像分類や翻訳など、人間の先行知識をルールの形に変換し、コンピュータに教え込むのには限界がありました。なぜならそもそも人はそのようなif

〜 then 〜で制御されるような明示的なルールで動いていないからです。

人間誰しもなんとなく物事を決めているケースがほとんどです。今日何を食べたいかは、何らかの法則に従っているのかも知れませんが、それを明文化するのは困難です。

また、送られてくるメールが迷惑メールかどうかも、人が読んだらおよそ判断できるでしょうが、この単語が入っていれば迷惑メールであるというような簡単なルールでは正確に判定できません。

人の顔をみたときにその人の名前が浮かぶのも、コンピュータに理解できる形で定義するのは非常に困難です。人と喋っているときにその人の顔の向きや距離や光量が変わっても「共通した内部的情報」を人間は抽象的に抽出し同一人物と判断しています。それこそときには後ろ姿でも判断できます。しかしながら、これを画像という入力から単純なルールでコンピュータに判断させるのは、とても難しいでしょう。

世の中の多くのことは、その入出力が単純なルールでは記述できないという前提に立つのが現代のAIの基本的な考え方です。

そのため機械学習では、入力と希望する出力のテストケースを多数用意して、その関係性を自動で生成します。

これら入力から出力への変換は、非常に複雑な数式で表現され、得られたルールは人が理解もしくは解釈できない形になります。そのため、機械学習はなぜそういう結論になったのかという説明能力が低く、**ブラックボックス**と呼ばれたりもします。

POINT

- 機械学習AIは、ルールベースでは管理できなくなった事例の対応策
- 機械学習は入出力の関係を学ぶ
- データの入出力の関係から人間が規定できなかったルールを自動でつくる

3-5

機械学習って何ですか？

言葉で表現しづらい
ルールをコンピュータに
考えてもらう仕組みです。

機械学習の最も重要な点は、入力データと目標（正解）とする出力データを人が用意しないといけないということです。言い換えればアノテーション[4]を手動で用意する必要があるということです。

アノテーションは基本的に人力で収集するもので、機械学習はその入出力の関係から同様のタスクを行えるような能力を手に入れることを目的とします。

図20

教師あり学習におけるデータ作成

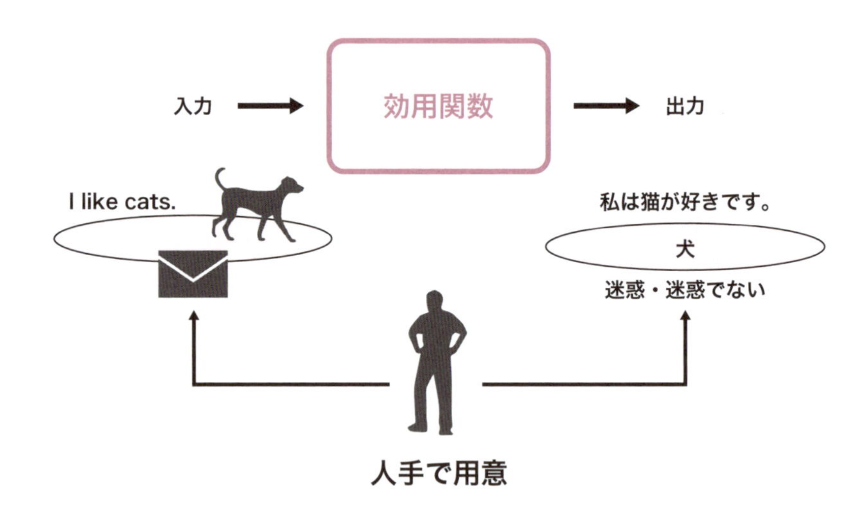

機械学習における学習サイクル

機械学習モデルは、その学習の過程で、出力に対して、どの程度その答えが良かったか（正しかったか）のシグナルを元に内部の行動（処理）を変化させていきます。シグナルとは、機械学習の出力が正解にどれだけ近かったかを数値化したものです。

例えば画像認識では、AIの答えが単純に合っていたか間違っていたかがシグナルとして渡されます。また翻訳では、正解とする翻訳結果に対して、どれだけ似ているかがシグナルになります。

4) アノテーション：AIに何かタスクを解かせたい場合のその「答え」に相当するものです。

そしてプラスのシグナルが返ってくるときはその行動を強化するように、マイナスのシグナルが返ってくるときはその行動を抑制するように内部の設定を調整します。このプロセスが学習です。

図21

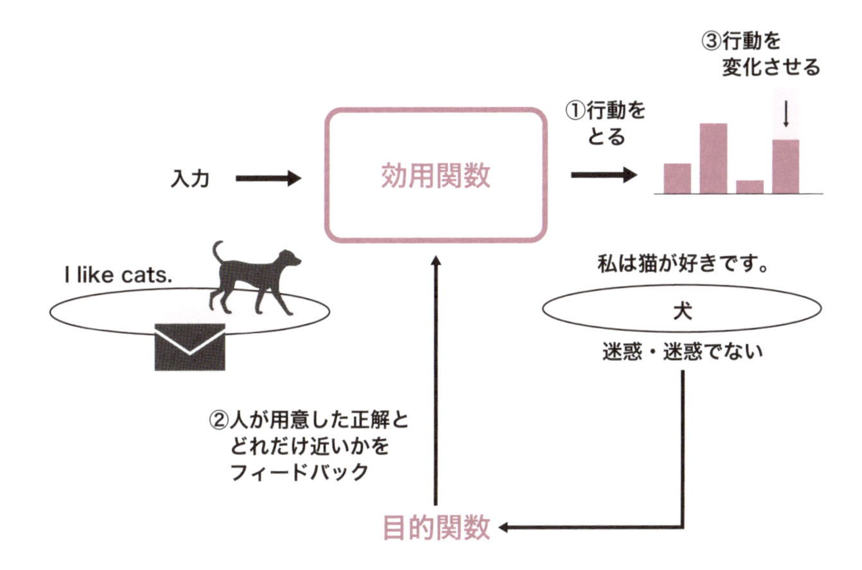

現在主流となっているディープラーニングなどは、図21の効用関数部分に人間の脳を模した構造の数式で管理された方程式が入っています。その数字や構造をチューニングすることで出力を変化させ、行動を変化させているのです。

繰り返しですが、ディープラーニングは機械学習における効用関数を変化・学習させるためのフレームワークであり、これがAIの真髄といったことはありません。これまでも他手法と盛衰を繰り返し、きっとこれからも別の学習フレームワークが開発されていくことでしょう。

機械学習AIとルールベースAIの学習データ数による性能比較

よく機械学習にはデータがたくさんいるといわれますが、データが増えていくとどのように性能が変化していくのでしょうか。ルールベースAIと機械学習AIを比較した場合でどうなるかを図21に示します。

横軸は、学習用のデータを、どれだけ多く用意できるかです。右に行くほど多くのデータが用意できることを示します。縦軸は、その学習データの量に応じてAIの性能がどの程度高くなるかを示します。

この図はあくまで概念的であり、学習データのドメイン（属性や種類）や難易度、用いる手法に応じて線の傾きは変わります。

また最初から最後までルールベースの方が高い性能を示す場合もあります。しかし大抵の場合は、このような関係性になります。

図22

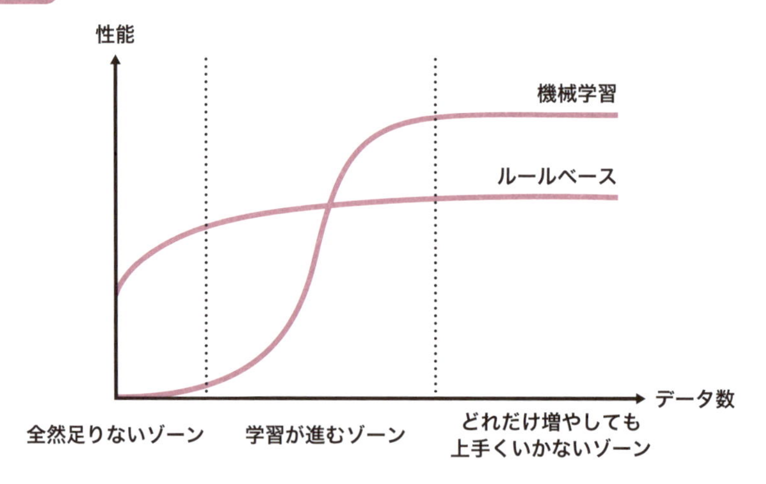

ルールベースAI

ルールベースAIでは人の知識をプログラムするので、データが少なくてもある程度の精度を出すことができます。仮に解きたいタスクが既に明確で、ルールを明示的に定義できるのであれば、学習用のデータ数が0件でも意図したシステムの構築が可能です。

しかし多くの場合、そのような明示的なルールを事前に完璧に作成するのは困難で、データを使ってPDCAを回し、性能を改善していきます。

ルールベースAIの場合、データの数を増やしても、例外処理のルールを増やすことが中心になり、性能改善の限界が比較的早期に訪れます。

機械学習AI

機械学習の場合は一般的にデータがあればあるほど、性能が上がると考えられていますが決して比例関係ではありません。データ数に対して大きく三つの段階があると考えられます。全然足りないゾーン、データの増加につれ学習が進むゾーン、どれだけデータを増やしても性能が上がらないゾーンの三つです。

「全然足りないゾーン」では、機械学習AIは入出力の変換をうまく行えないため、ルールベースAIの性能に敵いません。「学習が進むゾーン」に進むと、機械学習AIの性能が上がります。しかし、機械学習AIも、一定のデータ数を超えると、学習の負担以上に性能が上がらなくなる点が訪れます。

機械学習AIを十分に学習させるために、どれだけのデータが必要になるかは、どんな手法（アルゴリズム）を採用するかによります。

また期待する精度によるところが大きいことも重要です。精度と学習量の関係は、多くの研究が進められていますが、まだ絶対的な関数のようなものは得られていません。少量のデータセットから徐々に精度を測定していくことが一般的です。

POINT

・データが少ないところでは圧倒的にルールベースAIが強い
・機械学習はデータがある程度の量が確保できないと性能が出ない
・ルールベースは途中からルールの煩雑化から性能が頭打ちする

第4章

AIはどこまで人に近づけるのか？

4-1

AIは人の気持ちを理解できますか？

ＡＩは人の気持ちを
理解することはできません。
しかし、それは人も
同じかも知れません。

近年のディープラーニングは、人自身よりも高い性能を示すレベルに向上してきています。そうなると「果たしてAIは人の気持ちを理解できているのか？」という疑問が湧くのは当然でしょう。

AIに入力されるデータは、全て数字の形に落とし込まれています。3章で見てきたディープラーニングも内部的には複雑な数式で記述されとても本来の意味を理解できているとは思えない仕様をしています。これはシンボルグラウンディング問題という現在のAIにおける大きな欠陥を示しています。

シンボルグラウンディング

そもそも意味とはなんでしょうか？近代言語学の父と呼ばれるスイスの言語哲学者フェルディナン・ド・ソシュールは「シニフィアン」と「シニフィエ」という概念を提案しています。

例えば「猫」という単語を見た際、人間はどう理解しているのでしょうか？

図23

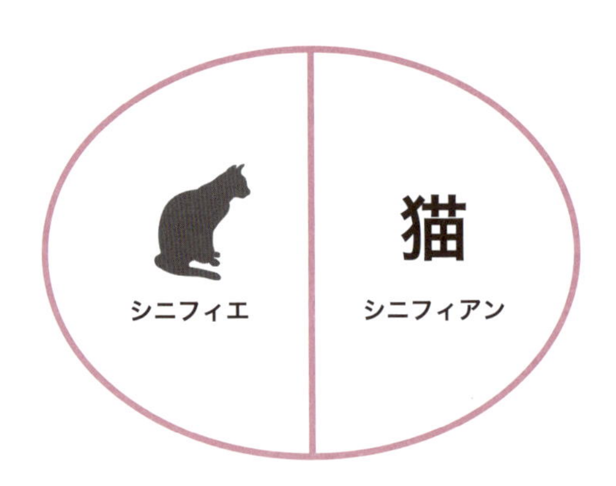

●シニフィエ（指される対象（記号内容））

「猫」という言葉がさすものを想像してください。そのとき思い浮かべた言葉が指す内容のことを「シニフィエ」といいます。

●シニフィアン（指すための表現（記号表現））

また目の前に猫がいるとします。その事実を誰かに伝える際「"猫"がいる！」と表現します。そのような言語表現「シニフィアン」は対象を指し示す言葉・記号に相当します。

つまり、言葉は常に「シニフィエ-シニフィアン」の構造、言い換えれば「指される対象（記号内容）」・「指すための表現（記号表現）」を持っています。

これは人間誰しも、「自分の頭の中のことは、一生誰とも完全に共有することなんてできない」ということを意味します。

なぜなら我々は頭の中で考えたことや見えたこと（シニフィエ）を誰かに伝えようとするときには、言葉とか文字とか（シニフィアン）にして伝えるしか手段がないからです。ここで自分のシニフィエと相手のシニフィエが完全に一致することはまずありえません。同じ「猫」と言葉でも、人によってイメージがそれぞれ違うからです。

これまでに説明してきたように、AIが扱うデータは、実際に起きた現象を、シニフィアン（記号）を用いて記録したもの」です。

そのため現在のAIは、シニフィアンという表層的な理解でのみ学習を行なっているという点で、真にそれらが指し示す概念については理解できていません。

猫という言葉を教えても、人間が思う猫とは何かをわかってはいないわけです。実際に猫にあったことも触れ合ったこともありません。

一方、人間はシニフィエとシニフィアンをセットで捉えることができています。このような状態をシニフィエとシニフィアンが接地している状態（グラウンディング）といいます。AIはそのようなレベルでの理解を行えていないという問題を指してシンボルグラウンディング問題と呼ばれています。

米国の人工知能を研究する非営利団体「OpenAI」が開発したGPT-2では、ネットにある40ギガバイトの文章から学習を行い、文章の生成を自動で行えるAIを開発しました。

このAIでは、人間が読んでもある程度意味が通っている文章が生成できます。

しかしこのようなAIは、単語の並びを見て、次の単語を選ぶといった仕組みで文章を生成しています。実際に意味を理解しているわけではありません。

図24

SYSTEM PROMPT (HUMAN-WRITTEN)

In a shocking finding, scientist discovered a herd of unicorns living in a remote, previously unexplored valley, in the Andes Mountains. Even more surprising to the researchers was the fact that the unicorns spoke perfect English.

MODEL COMPLETION (MACHINE-WRITTEN, 10 TRIES)

The scientist named the population, after their distinctive horn, Ovid's Unicorn. These four-horned, silver-white unicorns were previously unknown to science.

Now, after almost two centuries, the mystery of what sparked this odd phenomenon is finally solved.

Dr. Jorge Pérez, an evolutionary biologist from the University of La Paz, and several companions, were exploring the Andes Mountains when they found a small valley, with no other animals or humans. Pérez noticed that the valley had what appeared to be a natural fountain, surrounded by two peaks of rock and silver snow.

Pérez and the others then ventured further into the valley. "By the time we reached the top of one peak, the water looked blue, with some crystals on top," said Pérez.

Pérez and his friends were astonished to see the unicorn herd. These creatures could be seen from the air without having to move too much to see them – they were so close they could touch their horns.

While examining these bizarre creatures the scientists discovered that the creatures also spoke some fairly regular English. Pérez stated, "We can see, for example, that they have a common 'language,' something like a dialect or dialectic."

Dr. Pérez believes that the unicorns may have originated in Argentina, where the animals were believed to be descendants of a lost race of people who lived there before the arrival of humans in those parts of South America.

これと同様の現象は、人間でも起きうる問題です。「恋」をしたことのない子供は「恋」というものが指し示す対象（シニフィエ）が何かわかっていません。

しかしそのような子供も、上記のOpenAIの文章AIのように、「恋」といった単語を使った文章の作成は、なにか参照するものがあれば作ることはできるでしょう。

現在AIでおきているのはそれと同じ状況です。節のタイトルに戻ると、AIは「恋」というものをシンボルとしては扱えるが、指し示すものはわかっていないということになります。

4-2

AIが書いた文章に知性を感じるのはなぜですか？

AIに知性を感じるのは、人の感覚のせいです。まだAIは文章の意味を理解できているとは言えません。

本質的にシニフィアンを感じることができないAIに、我々は「知性」を感じることがあります。

これに関連して「**中国語の部屋**[5]」という有名な思考実験があります。

ある部屋に、中国語を見た事も聞いた事もない男が居るとします。時折部屋の外からは中国語で書かれた手紙が届きますが、当然ながら男には意味も読み方も分かりません。

しかし部屋の中には『この文字で書かれた手紙が届いたら以下の文字を書いて返せ』という『マニュアル』が置かれているため、男はそれに従う事で手紙に返信を行うことができるとします。

あくまでマニュアルに書かれているのは『文字の書き方』に過ぎず、彼はあいかわらず意味も読み方も分からないまま外へ返事をし続けます。しかしそのマニュアルは完璧なため、中国語の手紙で交わされる会話は完璧に「成立」しているのです。さてこの場合、この男は真に中国語を理解しているといえるのでしょうか？

この思考実験は『こちらの入力に相手が正しい返信をしているからといって、相手自身が意味を理解しているとは限らない』ことを示唆しています。現在のAIはこれと全く同じ現象が起きています。

『AIは自身のプログラム（マニュアル）に従って出力しているだけであり、外からの入力に何かを感じたり考えたりしている訳ではない』。つまりシニフィエだけでのやりとりなのです。現在のAIの発展は、この中国語の部屋の精度が非常に上がっていると状況とみなすことができます。

例えば「cat」という文字を数字に変換してみると「3,1,20」のような数字の羅列になります。この思考実験は『人のような人工知能（AGI）は制作不可能』という説をサポートするためによく用いられています。

---

5) 中国語の部屋：哲学者のジョン・サールが、1980年に発表した論文。

4-3

AIが賢くなるのに人の知識は役立ちますか？

昔は人の知識が役立つと
考えられていました。
今は人の知識が
AIの成長を阻む事例も
出てきています。

データと計算資源を充分に用意できれば、多くの場合に何らかの学習はできるという点で、ディープラーニングは非常に汎用的な手法といわれています。計算資源がクラウド上に確保できるようになってきた現在では、ますますディープラーニングが重宝されるようになりました。

しかし現実には、データ量は有限で、計算資源にも一定の制約条件があります。このような制約を打ち破るために、AI開発者は人間のこれまでに得た知見を特徴量として加え、学習させるモデルに機構として埋め込むことで、全体の性能を上げようとしてきました。機械学習に様々な手法が提案されているのもそのためです。

制約があるからこそ、画像ならこの手法、テーブルデータならこの手法、少ないデータでも精度が出やすいのはこの手法などといったように研究が進んでいます。

苦い教訓：人間のドメイン知識は有効ではない

しかしこれらの取り組みは、長年のAI研究の苦い教訓から学んでいないのではないかという意見があります。

以下は2019年3月13日に強化学習の生みの親といわれているRich Sutton氏が公開した記事[6)]を元に作成しています。そこでは過去の強化学習、深層学習の研究を通じて次世代の方法論となるヒントが示されています。

Sutton氏は「70年にわたるAI研究の結果、汎用的な方法が何より効果的であることがわかった」といいます。

「それまでのAI研究では、人のドメイン知識を活用することが、AIのパフォーマンスを向上させる唯一の方法だと信じられていたが、AIが利用できる計算資源はますます強力になり、人のドメイン知識を入れるより、ディープラーニングに全てを委ねる方が良い結果を得られる」というのが、Sutton氏の主張の意味するところです。

6) Rich Sutton，“The Bitter Lesson”（2019）
http://www.incompleteideas.net/IncIdeas/BitterLesson.html

図25

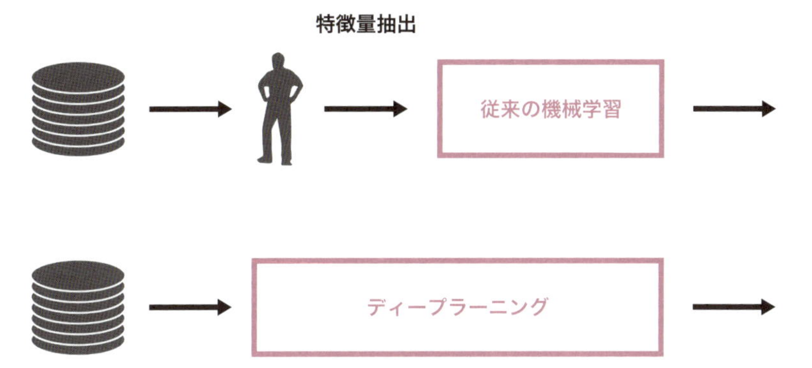

AIの性能を上げるのに人のドメイン知識がどの程度役に立つかを示す例を以下に二つほど挙げます。

●チェス

コンピュータのチェスの話です。1997年に世界チャンピオンKasparovを破った手法は、大きなコンピュータリソースを使って単純かつ力任せに最良手を探索するものでした。当時強いチェスのプログラムを作っていた人たちは、チェスに詳しい人がその知識を埋め込むことが最善な方法であると信じていたため、総当たり方式のコンピュータに負けても、それをまぐれだとして負けを認めませんでした。

●囲碁

人間のドメイン知識を全く利用しないAlphaGo Zeroは、自分自身と490万回も対戦を続けた結果、プロの棋譜から学習したAlphaGoよりはるかに強くなりました。ちなみに、人間の棋譜を使って学習したAlphaGo Zeroと比べたところ、それを使わないものの方が強いことも報告されています。

第5章

AIは間違える

5-1

どんなときにAIは間違うのですか？（その1）

データに十分な情報が含まれていないときに間違えます。

（例）翌日の弁当の売れ行きを予想するのに天気のデータがない

完璧なAIは存在し得ない

AIをビジネスに用いようとする人にとって、AIがどれだけの精度で動いてくれるかはとても重要です。どうやったら性能を良くすることができるのかを知ることも同様です。

実のところ、**AIは間違えます。**万能で精度100%のAIを作ることは、たいていの場合現実的ではありません。本章では、なぜAIが間違えるのか、その理由を見ていくことで、どうしたら実用的なAIを手にすることができるのかを考えていきましょう。この章は、AIを盲目的に過信しないために、本書で最も大事な章の一つです。

AIが間違える理由としては大きく三つあげられます。

- データの表現能力
- モデルの表現能力
- 学習とテストの環境の差

AIは錬金術？

14世紀ごろヨーロッパに錬金術ブームが巻き起こりました。化学的手段を用いて卑金属（ひきんぞく、base metal）から金を錬成しようとしたのですが、この試みは失敗に終わりました。金は単一の元素からなる物質であり、化合物ではないためです。

AIも同様に、入力データの中に“金”が含まれていないと錬成ができません。

画像認識では、一般にAIへの入力は、出力に対してはるかに多くの情報を含んでいます。そのため同じ入力データでもアノテーションを変えれば、犬種を当てたり、垂れ耳かどうかを判別したり、どんな表情かを見分けたりする分類モデルも作れるでしょう。

しかし、当然ながら画像データから明日の株価を予測することはできません。株価を当てるのに必要な情報が含まれていないためです。**そもそも作り**

たいAIを機能させるための情報が入力データの中に含まれていることが学習の大前提になります。

データの表現能力

例として、ある人の個人情報からその人が男性か女性か当てるといったAIを考えてみましょう（ジェンダー問題は理解していますが、簡易な例としてご了承ください）。

もし個人情報に身長と体重しか与えられなかった場合、どうなるでしょう。図26は横軸に身長、縦軸に体重をとって性別に基づいて色分けを行なった結果です。

図26

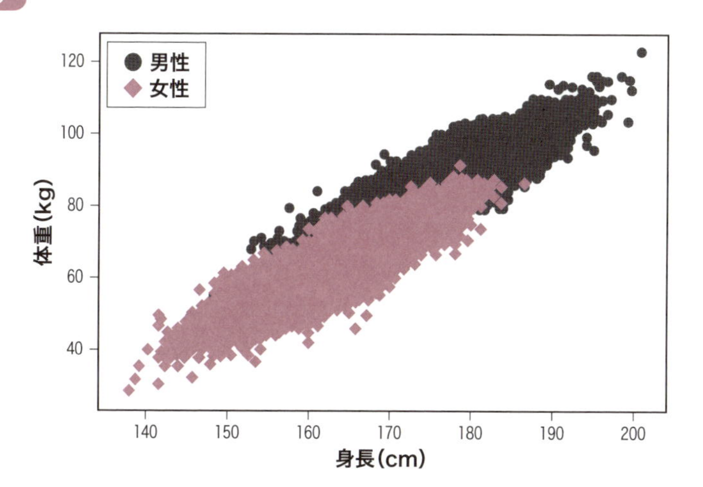

図26を見ますと、身長・体重データだけでは男性か女性かを当てるのは難しいことがわかます。なぜなら中心近くは両方の性別が同じような値を取っているためです。身長と体重という二つの情報だけでは精度100%のAIを作るには情報が足りないことがわかります。

このように入力データにそもそも十分な情報が含まれていない場合を、データの表現能力が不足しているといいます。

これまでAIの学習とは「**データに含まれている必要な情報だけを残し、余分な情報を削り落とすこと**」だと説明しました。例えば、画像認識などでは犬の画像から犬が写っていたという情報だけを残し、向きや犬種や表情などの情報は全て捨てているということです。これは、データの中にすでに答えが埋まっている必要があるということでもあります。

しかし上の例のように身長・体重という情報の中に、性別を判別するに足る十分な情報が含まれていなければ、いくらAIが学習しようとしても、AIに正確な答えは導けないことがわかります。

ここまで見てきた内容がAIが間違える一つ目の理由です。それは予測したいタスクに対してそもそも「データの表現能力が足りていない」と言い表せます。場合です。

情報が不足している例でわかりやすいのは売上予測などではないでしょうか。例えば、弁当屋さんの売上を予測するタスクを考えてみましょう。今までの売上の履歴があるから明日の売上を予測してくれといわれても、そのデータだけで未来を完璧に当てることはできないのは自明です。

そもそも未来は不確実であるということが前提ですが、より精度の高いモデルをつくろうとした場合、天気や湿度のデータもいるでしょうし、景気、株価、周辺のイベント開催状況など多様な情報が必要になると考えられます。

POINT

- AIがなぜ間違えるのかを知ることは、AIを正しく信頼するために重要
- AIが間違える理由の一つとしてデータの表現能力によるものがある
- データの表現能力の高低は、解きたいタスクを行うのに十分な情報がどれだけ含まれているかで決まる

5-2

どんなときにAIは間違うのですか？（その2）

モデルの表現能力が足りていないときに間違えます。

（例）ハサミをどれだけ研いでもダイヤモンドの加工には使えない

モデルの表現能力

AIがなぜ間違えるのかの理由二つ目です。さきほどはデータ自体に十分な情報が含まれていないケース（データの表現能力が欠けていた例）を見ました。この表現能力の問題はデータだけでなく、分析に用いるAIの「モデル」にも起こります。

AIの学習は「データに含まれている必要な情報だけを残し、余分な情報を削り落とすこと」と説明してきました。

ここで説明するモデルの表現能力とは、この「必要な情報を残して余計な情報を削り落とす、その実行能力」のことを指します。

ルールベースシステムに見るモデルの表現能力の限界

具体的に見ていきましょう。この「モデルの表現能力」が問題になる（エラーする）というのは、例えばルールベースシステムが分かりやすいので例に挙げます。

ルールベースシステム（rule based system）は、一つ一つのルールを機械が理解できるように、人が「もしxxなら〇〇」と書いていました。プログラムですと「if xx, then 〇〇」の形式です。

このシステムが十分に機能するためには、あらゆるケースを想定し、その全てのルールを作る必要があり、例外も定義する必要があります。

〇か×を判定するような単純なシステムでは、このプログラミングはそれほど難しくありませんが、例えば人と会話するAIをルールベースシステムで作ろうとすれば、無限にルールを設定しないといけません。これが表現能力というものです。

人が作ったルールベースAIは、そのモデル自体に当然のことながら時間と労力で上限が設定され、およそ十分な表現能力を持てない（精度がでない）のが普通です。

図27

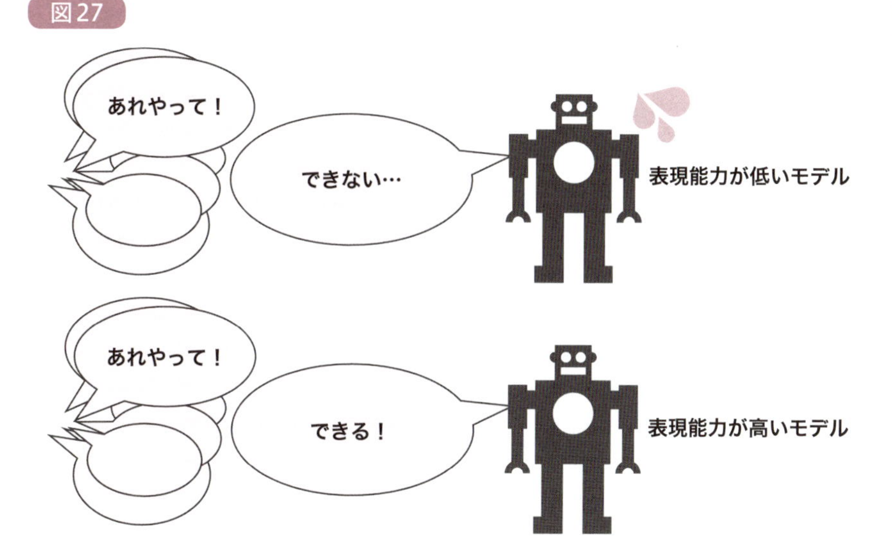

機械学習ベースのシステムでも限界はある

現在では、ルールベースシステムに加えて、機械学習によって学習プロセスの自動化が進んでいますが、モデルに十分な表現能力が備わっているかという課題は、どの機械学習手法についても同様に存在します。

なお、モデルの表現能力の性能は、用いる手法やアルゴリズムに依存します。これらはデータの種類や性質（これらはドメイン知識と呼ばれるのでした）に合わせて様々なアーキテクチャが存在し、日々改良が進んでいます。それでも完璧と言い切れるものではないことに注意が必要です。

POINT

- AIの学習とは「必要な情報を残し、余分な情報を削り落とすこと」
- 具体的な学習方法のことを「（学習）モデル」という
- ルールベースシステムの学習モデルの表現能力は、人がかける時間と労力によって決まる
- 機械学習ベースのシステムの表現能力は、アルゴリズムによって決まるが、それにも限界はある

高い表現能力をもつディープラーニングモデル

近年起きているAIブームの火付け役でもあるディープラーニングは、非常に表現能力が高いモデルの代表格として知られています。

複雑なデータ構造である画像、言語、音声などの分野で、今までルールベースや古典的機械学習手法ではなし得なかったほどの、大きな精度向上を達成しています。

これまで見てきたように、モデルの表現能力は「どれだけ難しい問題を学習できるようになるか」を考える上で非常に重要です。ディープラーニングのような「モデルの表現能力の向上」は、近年のAIを大きく進化させた一因と言えます。

AI研究者の間で広まっている通説の一つに、ディープラーニングの万能近似能力という考え方（定理）があります。これはどんな関数でもディープラーニングは近似できる（つまり、ルールを発見できる）というものです。

言い換えると、モデルの表現能力の間違いに関して、ディープラーニングでは心配する必要がほとんどなくなったというような定理です（さらに詳しく知りたい場合は「万能近似定理」や「Universal Approximation Theorem」で調べてみてください）。

ディープラーニングなどを用いたモデルが完璧になれない理由をあえて挙げるとすれば、5-1節で挙げた三つの理由のうち、データの表現能力と、学習とテスト環境の差になるはずです。

5-3

どんなときにAIは間違うのですか？（その3）

学習した過去のデータが通用しなかったときに間違えます。

（例）問題集で勉強した内容がテストに出なかった

AIが間違える三つ目の理由は機械学習を行なっている以上、つまり何らかの過去のデータから学習を行い、未来に対応しようという仕組みである以上、「決して避けることができない」ものです。

AIの受験勉強

例としてAIが受験勉強をする場合を考えてみましょう。

みなさんも試験に合格するために過去問題集をひたすら解いた思い出があるでしょう。その過去問題集に載っている問題を解けるようになったとしても、試験に合格できるとは限りません。過去問題集に載っている問題が、そのまま試験で出題されるとは限らないからです。

問題集を繰り返し解き続けることにより、その問題集に対する正答率は上がりますが、未知の試験での点数が上がるとは限りません。

AIの機械学習は、いくつもの入出力サンプルを学習データとして与えられ、その関連性に沿った変換を行う関数を得ようとします。

しかし多くの場合、学習させたデータは、あくまでも過去のものであって、それと全く同じデータが未来に現れるとは限りません。

例えば翻訳AIですと、実際に翻訳しないといけない文章は、学習の過程ではわかりません。手に入る入出力の組合せから学習させるしかありません。

これは上の受験勉強の例と同様で、機械学習は未知の入力に対して正しく判断を行えるように、できるだけ汎化的（特定の刺激と結びついた反応が、類似した別の刺激に対しても生ずる現象）に正しく学習を行う必要があります。しかしその未知の入力が事前には手に入らないというジレンマがあるわけです。

AIが犯す二つの間違い（問題集と本番テスト）

学習とテストの環境の差があるとき、AIがしてしまう間違いは、次の二つに分けることができます。

- 一つは既知のデータに対する間違いの多さで、それを「**経験損失**」といいます。
- もう一つは未知のデータに対する間違いの多さで、「**期待損失**」といいます。

先ほどの例で、特定の問題集が解けるようすることを、「**経験損失を下げる**」といいます。また、未知の試験問題が解けるようすることを、「**期待損失を下げる**」といいます。

これら両方の損失が十分に最小化するように、機械学習は、与えられたサンプルをもとに“一般化”された知識を獲得することを目指すわけです。

避けられない問題

現在のAIシステムは、これらの損失が十分に低くはないので、誤りを犯す可能性があることを意識しておく必要があります。

例として経験損失は低いが、期待損失が高い場合を見てみましょう。このような状態のことを、学習が不足しているか、もしくは学習させ過ぎたとして「**過学習**」といいます。

図28

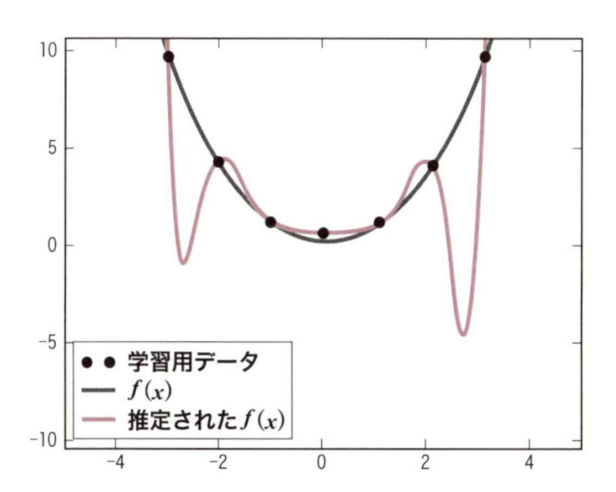

もともと$y=x^2$という線があったとします。AIには図の黒点の部分を学習用データとして与えます。その結果として、AIは、赤い線がこのモデルの正しい姿と学習したとします。

この場合、赤線は全て青い点を通っていますので、経験損失は0となります。ただし、赤線とグレーの線の間に大きな乖離がある場所があり、期待損失の観点からは非常に悪い学習結果となるわけです。

これは、AIを使った未来予測では、良くあることです。多くのデータを徹底的に何度も学習させて、過去のデータでは100点が取れるAIも、そのモデルが将来にわたって正しい結果をもたらすという保証はないわけです。例えば、株価予想AIでは、このようなことが日常です。

POINT

- 学習データだけ完璧でも、機械学習の目的である汎化的な知識は獲得してないと考えるべき
- 未知のデータについて正しく推論できているかは慎重に

5-4

どんなときにAIは間違うのですか？（その4）

想定外のデータが入力されたときに間違えます。

（例）知らないことが起きても知ったかぶりをする

AIが間違える理由三つ目では、学習用のデータでしか学習ができず、実際に運用した際の未知の入力に対する損失が計算できないということを紹介しました。では、学習に使ったデータとは全く異なるようなもしくはAIが知らないような入力がきた場合、AIはどのように振る舞ってしまうのでしょうか？

間違えるAIサービス

実際にAIを使ったサービスとして導入された事例を紹介します。

Tumblr（米国発のブログサービス）は、2018年12月17日から、ユーザーの年齢にかかわらずアダルトコンテンツの投稿を完全に禁止することを発表しました。これはTumblr上に児童ポルノ画像が含まれていたことを理由に、アップルのApp Store上から彼らのアプリが削除されたことがきっかけだといわれています。

ポルノ画像かどうかの判定を行うAIを作る場合、理想的には真に正しく判定させる場合は、この世の全ての画像全てについてポルノかそうでないかのラベル（人が判定した情報）をもとに学習しないといけません。

しかしそのようなことは現実的ではないため、このポルノ判定AIの判定精度は極めて低いものでした。その結果、全く性的ではない画像を投稿したTumblrユーザーへ警告を送ってしまい、Tumblrユーザーを当惑させてしまったのです。

事情を察したTumblrユーザーは、この問題を逆手にとり、アダルトコンテンツと誤判断される「なんでもない画像」を、Twitterで報告し合うという暴挙に出たのです。実際、ある人気ゲームの恐竜キャラクターや、普通のおじさん、食べ物の画像などでも誤判断が発生したそうです。なぜこのようなことが起こるのでしょうか？

知之為知之、不知為不知。是知也

「論語」の中に、『子曰、由、誨 女知之乎。知之為知之、不知為不知。是知也。（子曰く、由、汝に之を知ることを誨えんか（おしえんか）。これを知るをこれを知ると為し、知らざるを知らずと為す。是れ知るなり。）』という章句があります。

ここに出てくる「知之為知之、不知為不知。是知也」とは、「知るということは、知っていることは知っている、知らないことは知らないといえること」、という意味です。

人としての在り方を説く章句ですが、今の機械学習の弱点はまさにここにあります。**新しい入力に対して知らないといったことを判断させることができない**のです（例外はありますが、ここでは構造的な問題として説明します）。

例えば、画像認識の例で、動物のラベルを学習させたAIでは、車の画像など学習に使っていない未知の入力が来た際には、すでに学んだ動物のラベル（手持ちの選択肢）の中から車を動物として認識しようとします。

「与えられたデータに対して、なんらかの結果を出せれば良い」という目的関数でのみ学習している場合、知らない入力というのは存在しないためこのような問題が起きます。

一方、ルールベースAIの場合は、人間が規定したルールのどれにも当てはまらなかったという出力が可能です。**ルールベースのAIは知らないということを知っている**といえます。

POINT

- AIは目的関数が最大になればいいので未知のものが来るという発想がない
- それゆえ学習とは知らないデータが来ると予期せぬ動きをする
- 知らないことを知らないがゆえに未知の状況での状況判断にとても弱い

過学習への対処方法

受験の例ですと、AIがきちんと汎化した知識を得ているかを、新しい問題集でテストすることになります（しかし、これらの問題も試験で出るわけではないので、本当に下げたい経験損失は、本来計算できないのですが）。

機械学習では、過去のデータの全てを学習用に用いずに、学習用、検証用、テスト用に分割して、それぞれのパフォーマンス比べることで汎化しているかを判断する方法があります。

図29

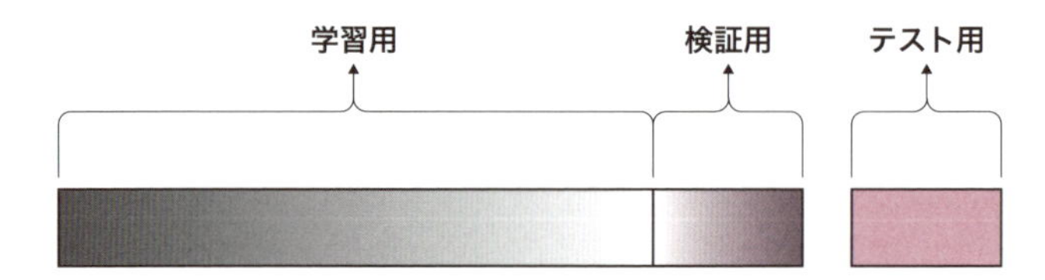

これらの3分割されたデータは、全て過去のデータです。学習用データでAIのモデルを作ります。検証用データで、モデルの設定が正しいか検証し、テストデータで未知への対応度合いを計測します。

検証用はモデル選択のために使われます。機械学習には、いくつもの学習の手法またはモデルがあります。そのようなモデルのうち、どれを選択するのがベターかを検証用データで調べます。

まとめますと、訓練データでパラメータを学習して、検証データでモデル選択をして、テストデータで性能を測定する。といった具合です。

5-5

AIが出した答えは信用してよいのでしょうか？

AI内部がブラックボックスなために信用されないことが多いです。信用を高めるための研究が活発に進められています。

普段我々が乗っている飛行機には、何十年も前からオートパイロット（自動操縦）の技術が使われています。そのようなシステムに対して、われわれ人間は「乗る」ことで暗黙的に信頼を示していることになります。

コンピュータプログラム（ソフトウェアアプリケーション）において、このような信頼はとても重大な問題になっています。

通常のアプリケーションは、プログラムコードによって、細かく制御されたルールによって動作します。自動操縦もそうです。ルールベースで動作しているということは、これまで見てきた通り、「どのような状態になると、どのような行動をとるかが、明示的で分かりやすいという側面」を持っています。

このようなシステムに対して、我々が信頼を寄せるのは、それほど難しくはありません。

一方近年の機械学習は、データの入出力からパターンを学習するという点で、従来のルールベースの枠組みとは大きく違っています。機械学習はブラックボックスと揶揄されるように「なぜかわからないけどこういう結果を出力した」ということが多く起きます。現状そのようなシステムに対しては信頼を示すのはとても難しいです。

貴方が月に行かないといけない場合、飛行理論を一つ一つ確認できる半自動操縦機能がついた宇宙船と、全自動で動くけれど中身がブラックボックスな宇宙船だと、どちらに乗りたいでしょうか？　その運航実績にもよりますが、前者を選ぶ人は少なくないように思います。

AIの信頼性とリスク

AIの信頼性に過大な期待をしていない場合、AIの導入は比較的スムーズに行われます。

例えばレコメンド機能です。あなたの購買履歴から次に欲しくなるであろう商品をすすめるところには次々にAIが導入されています。これは、たとえAIの精度が低くても、失うもののリスクが大きくないためです。

AIはそのような観点から、low-stakes（ギャンブルでいうと少額のかけ、低リスク低リターン）な領域での適用が進んでいます。

一方、医療診断や裁判の判決、株の売買や飛行機の自動操縦などでは、適用は進んできているものの、全部が置き換わってはいません。

これらのような分野はhigh-stakes（高リスク高リターン）と呼ばれます。このような分野に対してAIを適応させる場合には、まず人間がそのシステムを強く信頼する必要があります。

人が信頼を勝ち取るには信頼に足る人になる必要があります。AIにとって信頼されるに足る条件とはなんでしょうか？　本書では次の四つを必要条件として扱います。

- Robustness（堅牢性）
- Fairness（公平さ）
- Accountability（説明責任）
- Reproductivity（再現性）

AI研究最先端における最もホットな研究

「人はAIをどうしたら信頼できるか？」「AIはどうすれば人に信頼してもらえるか？」というトピックへの関心の高まりはとても顕著です。

参加申し込みが10分で満員になってしまうほど注目され、世界で最も権威があるとされている機械学習系の学会「NeurIPS」の基調講演を見ると、機械学習でホットな研究テーマを垣間見ることができます。

図30は、2018年と2017年のNeurIPSの基調講演のタイトルです。2017年には上記の「AIが信頼されること」に関連するトピックが1件しかなかったのに、2018年は7件中5件と一気に増加しています。

図30

NeurIPSの基調講演でも「説明責任」関連の話が大きく増加

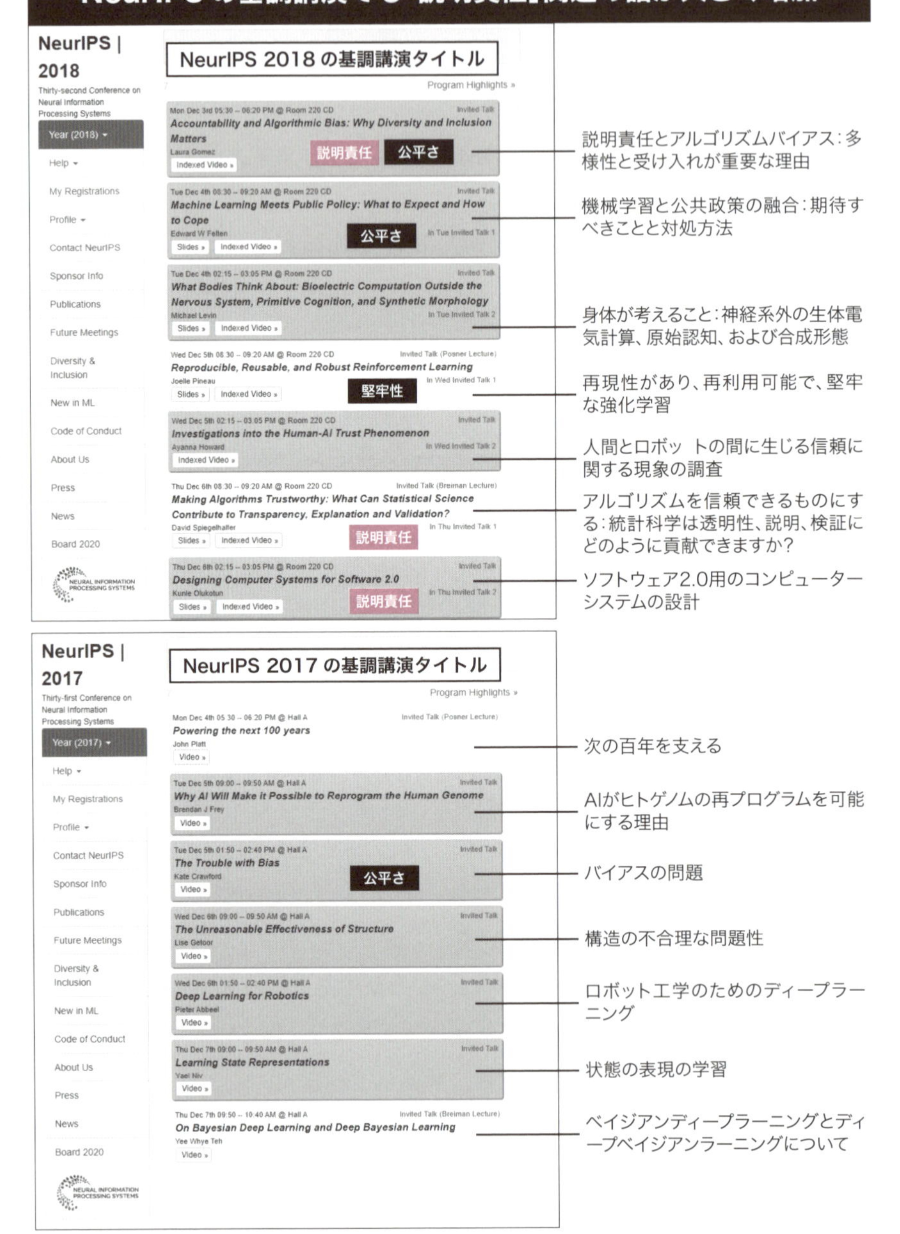

AIを信頼できるものにするための研究について、6章以降で詳しくみていきましょう。

POINT

- AIは、信頼されなければ、high-stake（高リスク高リターン）への適用は進まない
- 信頼されるに足る条件は四つ

第6章

AIの内部に潜む悪意とは?

6-1

AIを騙せるって本当ですか？

本当です。
特別なシールを貼ったり、
服を着たりすることで、
ＡＩの目は意外にも簡単に
欺けてしまいます。

5章では、信頼に足るAIシステム作るために必要な四つの条件を挙げました。ここではその一つ目について説明します。

- Robustness（堅牢性）
- Fairness（公平さ）
- Accountability（説明責任）
- Reproductivity（再現性）

堅牢性とは

堅牢性とは、どれだけそのAIシステムが攻撃や外乱に対して強いかをいいます。

図31の写真のように、速度標識の一部にシールを貼ると、AIが間違って認識してしまうという研究が米国の大学で行われています。

自動運転の車は、レーダーやカメラなど複数のデバイスを使って周囲を監視していますが、多くの場合、速度標識はカメラでの画像認識によって行われています。

図31

これまでの章で説明したとおり、AIは学習してきた画像の認識は得意ですが、その範囲を超えた未知の画像には、仕組み上対応しきれません。

日本でも、あるラーメン店のロゴを交通標識と誤認識してしまったという例が報告されています。

人は、道路標識に細工がされていても、たいていの場合騙されません。人間は非常に堅牢な目を持っているといえます。

なぜAIは簡単に騙されるのか

なぜAIは騙されるのでしょう？

それは、5-3節で見た「経験損失と期待損失のギャップ」が原因です。

画像認識AIは、もともとの画像では、うまくラベルとの変換を行えていました。しかし、わずかなノイズを加えるだけで、AIからはもともとの分布から大きくズレた未知の画像が入力されたように見えるわけです。

学習に使っていない入力に対しては、出力の用意がありません。これは「知らないということを知らない」というAIの弱点です。

AIを騙すことに特化したAI

「知らないことを知らない」というAIの弱点を利用すると意図的にAIを騙すAIを作ることもできます。

図32の右の人が首からさげている絵は、これをかければ、人検出AIから人として認識できなくなるようにAIが書いたものです。

最近では防犯目的で人認識AIが用いられていますが、AIの監視の目を誤魔化すAIが作れることを知っておく必要があります。

ちなみに、この騙すAIを作るには、騙すことを目的関数にして、騙すための絵を作成していきます（図33参照）。

図32

図33

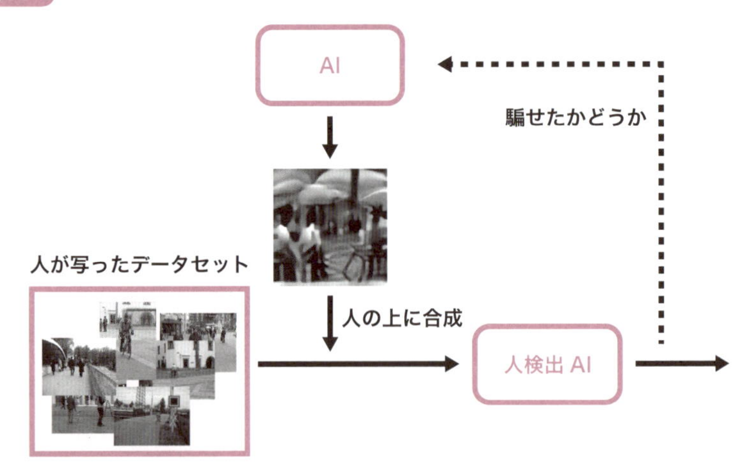

AIを攻撃から守ることができるのか?

AIを騙す、もしくは攻撃するAIからシステムを守る方法論の開発は、今後よりAIが社会に浸透していくためには必要不可欠です。特に高リスク・高リターンな現場になればなおさらです。

入力に対し堅牢な出力を行うための研究は、今とてもホットな研究領域となっています。どうやったら悪意ある攻撃からAIを守れるか、そして未知のデータについて未知と判断できるかという防御をテーマとした研究が活発に行われています。

しかし、この分野は**防御側の研究の発展のみならず、同時に攻撃側の研究にも発展**しているのが実情です。

例えば2018年10月27日に発表された防御論文[7)]も、2019年2月6日に発表された攻撃論文[8)]によって攻略されたという報告がされています。このように両者はイタチごっこの関係になっています。

ところで、人間は、なぜこのような攻撃に対応できているのでしょう。

そもそもAIと人間では見方が違う、ノイズ処理のような仕組みが人間には備わっているのではないかなどが考えられます。その人間が持つノイズ処理の仕組みをAIに取り入れられないかという理論研究も行われています。

余談となりますが、監視カメラの画像を騙すTシャツが、あるハッカーによって**「Adversarial Fashion（敵対的ファッション）」**というオリジナルブランドで一般向けに販売されています。

図34

4th Amendment Unisex T-shirt
$37.99

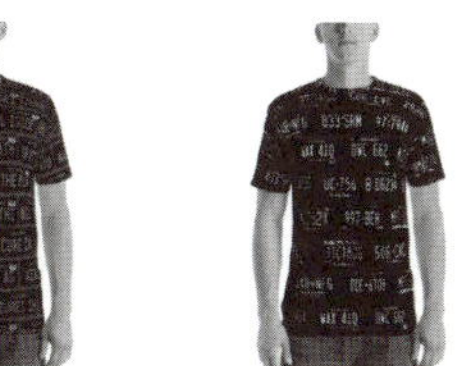

ALPR State Plate Unisex T-shirt
$37.99

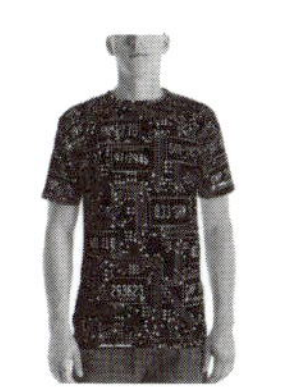

ALPR Circuit Unisex T-shirt
$37.99

4th Amendment Feminine T-shirt
$37.99

ALPR Circuit Feminine T-shirt
$37.99

ALPR State Plates Crop Top
$35.99

---

7) “Attacks meet interpretability: Attribute- steered detection of adversarial samples”
8) “Is AmI (Attacks Meet Interpretability) Robust to Adversarial Examples?”

AIが騙されるリスクは高まっている？

●精度と引き換えに失っている堅牢性

機械学習のモデルの精度の成長は著しく、画像認識AIでは2015年に人のベンチマークを破っています。そしてその後もAIの精度が向上し続けているのはご存知のとおりです。

その反面、近年のIBMの研究では、こうした高性能なAIはどんどん堅牢性（Robustness）が失われているのではないかという問題が提起されています。

図35は、縦軸に「そのAIモデルがどれだけ堅牢か」を評価した結果を、横軸にAIの正確性（性能）を計測した結果をまとめたグラフです。

図35

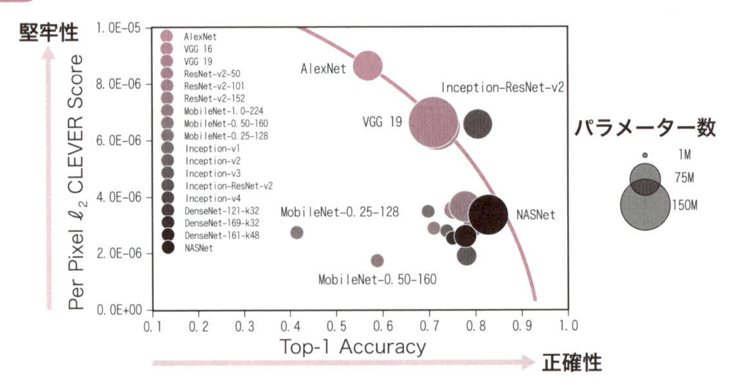

図35からは、近年のモデルは性能が高くなっている（右に進んでいる）が、同時に堅牢性が下がっている（下に行く）という事実を読み取れます。近年性能が向上しているように見えるディープラーニングモデルも、実は外部からの攻撃や外乱に脆弱になっているということを示したのです。

このことは、正しいデータをAIにインプットすれば、期待する成果が上げられるようになってきた半面、悪意を持って計画的に作られたデータがインプットされた場合に、AIは容易に騙されてしまう、すなわち悪意のある人が狙う動作をしてしまうということを意味します。

自動運転の車に、仕掛けのある看板を読み取らせて意図的に誤動作をさせることは不可能ではありません。

このようにAIの性能は、有効性や華やかさだけでなく、実は多面的に評価しないといけないということがわかります。

AIも人を欺きはじめた

ここまでは「AIを騙せる」「AIが騙される」というリスクをみてきました。その一方で、AIが進化したことにより、「人がAIを悪意を持って使う」ことも、同じくものすごいスピードで広まってきており社会問題になっています。

そこでAI研究が新たに対処しなくてはいけなくなった「AIが人を欺く」について説明していきます。

AIを使う人は全員が味方だろうか？

技術は、使う人によって良いモノにも悪いモノにもなり得ます。

AIの最新技術が誰でも使えるということは、悪意のある人の手にも渡ることを意味します。そのため、最新のAIを使った犯罪リスクに当たる可能性も高くなったということになります。

例えば、**ディープフェイク（deepfake）**というAI手法は、顔と顔を入れ替え実在しないリアルな人物映像を作ることができます（図36参照）。

2018年にユーチューブでオバマ前大統領が「トランプ大統領は、どうしようもなくバカだ」と語る動画が公開されました。最終的には、これはAIの悪用リスクを広く知ってもらうためにわざと作ったフェイク動画だと判明したのですが、動画のできがとても良かったため、大きな騒ぎになりました。

このような画像（動画）の加工は、何十年も前から行われていたことですが、これまで人をだませるような品質でフェイク画像を作れるのは、ハリウッドのようなところだけだったので、大きな問題にはなっていませんでした。

ディープフェイクは、オープンにプログラムが公開されてしまっているので、悪用が容易になってしまったのです。

図36

2019年8月30日には、このディープフェイクの技術を用いたスマホアプリが中国でリリースされ波紋を呼びました。

中国で人気最高のデートアプリであるMomoの開発元が作ったZaoと呼ばれるアプリは、ユーザーがアップロードするセルフィービデオ（自撮りビデオ）の顔を、人気映画や音楽ビデオなどの中のセレブの顔に換えたり、さまざまな動画に自分自身をはめ込んだりすることを可能にしました。

これは、AIの最新技術が、あっという間にノンプログラミングで行えるコンシューマ市場に広がっていった例です。

また、ウォール・ストリート・ジャーナル紙は、2019年8月に、ディープフェイクを使った振り込み詐欺を伝えています。その報道によると、ある英国の会社は、ドイツにある親会社の上司から電話を受け、ハンガリーに急ぎである額を振り込むように指示があり、それに従ったとのこと。その後、それが詐欺であることが発覚し、その電話がディープフェイクによる音声合成だったことが判明したそうです。

このように、前段で触れた意図的にAIを誤認させる技術などを含め、オープンな開発環境は、悪用されるリスクもあると認識する必要があります。

AIが犯す犯罪はAIが取り締まる

ディープフェイクに関して、ニューヨーク州立大学オールバニ校の呂思偉（ルー・シウェイ）氏が率いるチームは、フェイク動画の欠陥を見つけています。

ディープフェイクアルゴリズムが生成する動画はとてもリアルですが、「まばたき」を自然に行なっていないことを発見したのです。そのような解析を続けた結果、動画がフェイクかリアルかをAIで判定できるようになったそうです。

しかし問題は、この解析手法に対抗するために、ディープフェイク動画で瞬きを改善することは、大した手間ではないということです。

画像解析や人物認証AIを意図的に誤認させる手法があるのと同様、これらは防御の手法と攻撃の手法がイタチごっこの関係になっています。

米フェイスブックは2019年9月に、これらの事態を受けディープフェイクを検出するツールの開発を目的とした新イニシアチブ「Deepfake Detection Challenge」（DFDC）の立ち上げを発表しました。米マイクロソフトと米マサチューセッツ工科大学（MIT）が協力する[9]とのことです。

今後、AIが犯す犯罪をAIが監視し、取り締まる時代が来ること、そのイタチごっこが続くことは避けられないと思われます[10]。

ディープフェイク技術の有効活用

ディープフェイクの技術が、前向きに使われている例を一つ紹介します。

generated.photosというWebサービスです。このサイトには、AIが作成した実在しない人物の顔が10万種類公開されています（2019年9月現在）。

実写と見間違うような顔写真ですが、全てAIが創り出した架空の人物写真です。このプロジェクトは、これらの写真を著作権フリーで提供しており、マーケティング用途などに自由に使うことができます。もっとも、悪用も可能と思われるのが気がかりではあります。

9) https://www.itmedia.co.jp/news/articles/1909/06/news074.html
10) https://wired.jp/2018/09/14/deepfake-fake-videos-ai/

POINT

・AIへの入力に見分けがつかない程度のノイズをかけてAIを騙す技術がある
・経験損失と期待損失による問題のため、避けるのは非常に難しい
・攻撃論文と防御論文は、イタチごっこになっている
・成績が上がったかのように見える今日のAIモデルも、堅牢性が犠牲になっているという報告もある
・オープンサイエンスにより、AIが悪用されるリスクも高くなった
・フェイクデータ生成系の技術の進化によりフェイクの見極めが難しくなっている

6-2

AIが人を差別するって本当ですか？

残念ながら本当です。
人間が意図しない形で、
うっかり差別的に
学習してしまい、
人間もそれに気づかず
頼ってしまう恐れがあります。

AIが社会に信頼されるものになるために必要な条件の二つ目です。

- Robustness（堅牢性）
- Fairness（公平さ）
- Accountability（説明責任）
- Reproductivity（再現性）

この問題はFairness（公平さ）、もしくは反対語をとってBias（偏見）などと呼ばれます。

AIが起こす性差別

アマゾンは採用活動用のAIツールの開発に取り組んでいました、ところが、そのAIツールは女性を差別していることが発覚したと2018年にロイターが報じています[11]。

このサービスは、過去に採用された人のES（エントリーシート）と採用されなかった人のESから学習を行い、新しい受験者のESを入力した際、その人が採用すべきかどうかの判断を自動化しようとしたサービスです。

では、性差別を起こすAIとはどういうことでしょうか？　またなぜそのような性差別を起こしてしまったのでしょうか？

AIが差別的とは

自動採用AIにおいて、性差別があるというのは、「他の条件を固定した場合に、男性の合格率と女性の合格率に決定的な差がある状態」を指します。

---

11) https://www.reuters.com/article/us-amazon-com-jobs-automation-insight/amazon-scraps-secret-ai-recruiting-tool-that-showed-bias-against-women-idUSKCN1MK08G

例えば、図37は横軸をその人が就活で受かる確率、縦軸は受かる確率の人が何人いるかというヒストグラムです。

差別的なAIは女性であるというだけで受かる確率が男性に比べ著しく低くなっていることがわかります。一方公平なAIは男女による受かりやすさの差はなく判断しています。

図37

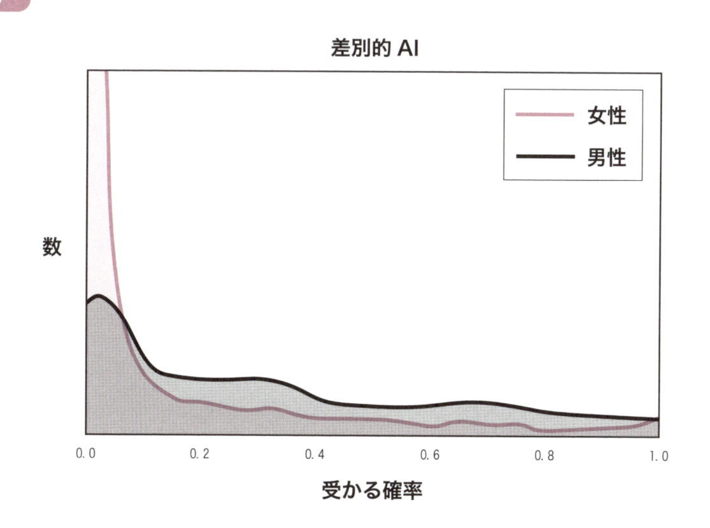

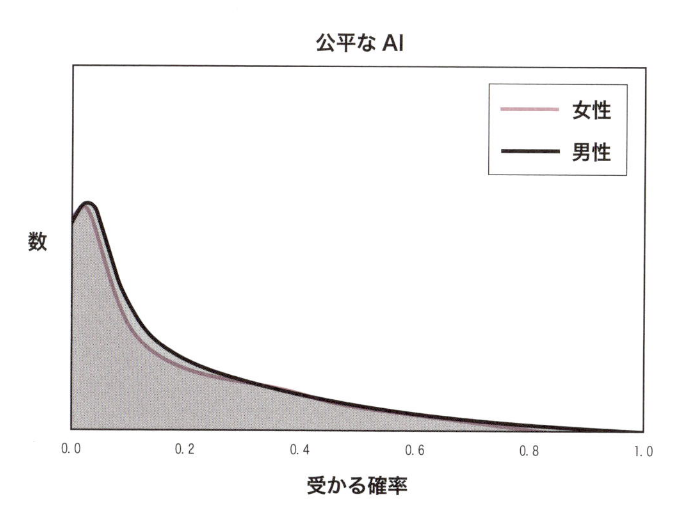

これと同様の事例は他にもあげられます。

米ウィスコンシン州などでは、判決の参考データとして、被告の再犯可能性を予測する「AIによる再犯予測プログラム[12)]」が使われていました。

「再犯予測プログラム」は、被告にいくつもの質問に答えさせ、過去の犯罪データとの照合により、再犯の危険性を10段階の点数として割り出すといったものでした。

ところが、様々な検証の結果、この「再犯予測プログラム」が、黒人に対し、高い再犯予測をすることが明らかになりました[13)]。

本来これらの条件というのは予測結果について影響を与えるものであってはいけません。男性だから優秀だとか、黒人だから再犯しやすいといった因果関係はありません。

AIが差別的になるのは人間のせい

しかしどうしてこのようなことが起きるのでしょうか？　重要なのは「AIはデータを通して差別を学ぶ」という点です。

具体的にはさきほどの事例では、「提出された履歴書の男女比に比べて、採用された人材の男女比が男性側に偏っていた」また「再犯を犯した人たちの中で黒人側の方がデータ件数として多かった」ということが考えられます。

AIはただ合理的に学習するので、男性だったら有利に判断しようとか、黒人だったら再犯を起こしやすいと判断しようということを恣意的には考えません。

しかしながら、そもそも学習させるデータセットの中に人種や性別による差別が含まれたデータがAIの学習用に使われると、その価値観を埋め込まれたモデルがつくり出されてしまいます。

データはあくまで現実の一部を切り取ったものに過ぎないことを示す例です。

---

12) https://www.propublica.org/article/machine-bias-risk-assessments-in-criminal-sentencing

13) https://kaztaira.wordpress.com/2016/08/06/%E8%A6%8B%E3%81%88%E3%81%AA%E3%81%84%E3%82%A2%E3%83%AB%E3%82%B4%E3%83%AA%E3%82%BA%E3%83%A0%EF%BC%9A%E3%80%8C%E5%86%8D%E7%8A%AF%E4%BA%88%E6%B8%AC%E3%83%97%E3%83%AD%E3%82%B0%E3%83%A9%E3%83%A0%E3%80%8D/

なぜ差別を無くすのが難しいか

このような差別的な問題を取り除くのが難しいのには三つの理由があります。

●データの入手困難性

先ほどの採用の事例では、採用結果のデータに最初から男女の偏りがあったことが考えられます。最初から採用された人たちのデータの構成比率が50対50になっていたらそのような問題は起きません。

しかしそのようなデータセットを作成しようとすると、ターゲットの中で少ない方に合わせて多い方を削る必要が生じ、結果として学習させるデータ数が減ってしまうといった問題が生じます。さらに、AIが学習できるデータが減ると、予測精度が落ちることにつながります。

●隠してもバレる差別

それならば男女の情報は学習に使わなければ良いではないかという考え方があります。男女が分からなければAIも男女に差別的な判断をしないのではないかと。

しかしそれでも不十分だといわれています。例えば中学・高校の部活動の履歴や、好きなアーティストなどのデータからも、暗黙的に性差が透けてみえてしまうためです。

他にも再犯予測AIにおける被告への質問も、国民性や日々起きている社会問題などを反映したモデルになりかねないリスクを内包しています。

●精度を保てるか

これらの偏見に関する議論は、現代のAIを語る上で決して欠かせません。特にAIを人間に対して適応させる（用いる）場合には解決しないといけない問題です。

犯罪予測分野でも万引き防止などのアプリケーションなどは、偏見が含まれている前提で、慎重に運用する必要があります。

「AIはデータを通して差別を学ぶ」といったように、**そもそも差別や偏見の真の原因は、AIを訓練させる人間にあります。**

しかし注意すべきなのは、人間側の問題で生じている差別を、あたかもAI側の問題で生じた差別であるかのようにすり替えて議論をしている人たちがいることにも注意が必要です。筆者らとしては、AIを自身を映す鏡として見て、慎重に活用を進めて欲しいと願うばかりです。

POINT

- データにバイアスが含まれていた場合AIはそれを学習してしまう
- 人に対してそのような差別的なモデルを適応させる場合は非常に危険

6-3

AIの予測や決定を信じてもらうには何が必要ですか？

決定に至る根拠を説明することが必要といわれています。AIに説明を求めるのはナンセンスですが、AIの普及には欠かせません。

AIが社会に応用しようとした際、AIが人の信頼を勝ち取るために必要な項目の三つ目「Accountability（説明責任）」についてみてきましょう。

- Robustness（堅牢性）
- Fairness（公平さ）
- **Accountability（説明責任）**
- Reproductivity（再現性）

問われる説明責任

近年の機械学習関連技術の発展に伴い、機械学習モデルが複雑なブラックボックスのような側面を持つ点に注目が集まり、安易に信頼できないとする懸念の声が上がっています。

「人は疑問を持たずに人工知能によって下された決定を信じれば良い」という態度は、現実的には簡単に受け入れられるものではありません。

こうした議論はhigh-stakes（高リスク高リターン）な応用分野でより活発です。医療や金融や政治などの応用分野では、AIの判断に対する「なぜそう判断したのか」という説明責任が特に重視されています。

トップ棋士に勝利した碁AIのAlphaGoが指した手を見ると、現在の碁の知識では「なぜ、その一手を打ったのか」分からない手があるそうです。そのようなときにAIが理由を説明してくれたら理解が進みます。

すなわち、「**AIが下した判断の根拠や理由を、人が理解しやすい形でどれだけ提示できるか**」がAIに求められる説明責任です。

なぜ説明責任が大事かというと、結局はAIを信用するためです。

総務省はAI利用の一層の増進とそれに伴うリスクの抑制のために『**国際的な議論のためのAI開発ガイドライン案**[14]』を2017年に策定しています。そこには次のような「**透明性の原則**」及び「**アカウンタビリティ（説明責任）の原則**」が盛り込まれています。

14) http://www.soumu.go.jp/main_content/000499625.pdf

●**透明性の原則**

開発者はAIシステムの入出力の検証可能性及び判断結果の説明可能性に留意する

●**アカウンタビリティの原則**

開発者は利用者を含むステークホルダに対しアカウンタビリティを果たすよう努める。

機械学習とは諸刃の剣

このようなことが議論されるもの、「**現代の機械学習は説明責任が充分に果たせていない**」ためです。

なぜ機械学習を使うとブラックボックスになるのでしょうか？

そもそも機械学習が必要になるケースについて思い出してみてください。ルールベースAIの場合は、明示的で明確な人が自ら定義したルールで入出力の関係を定義していました。しかしそれでは対処できないくらい複雑なタスクだったからこそ機械学習に頼ったわけです。つまりこのルール探しをデータの入力と出力の例から自動化してもらったというわけです。

つまり「機械学習が必要となるケースというのはそもそもとても複雑で、明示的なルールでは自動化できない。もしくは現実問題としてルール化は難しい」というところです。それは裏を返せば「**人が理解できるような形のルールで解けるのなら、もうとっくの昔に解決されていて、機械学習を使うまでもない**」ということです。

機械学習の複雑さと解釈性

機械学習モデルの中でも単純なモデルほど、その解釈性は高い傾向にあります。

例えば、ある人がクレジットカード審査に通るかどうかの機械学習モデルを考えます。そして、仮にそのモデルは、貯蓄額と収入のみで決定されるとしましょう。この場合、入力が貯蓄額と収入で、出力が○か×ですから、内部で行われている判断はわかりやすいです。これを**解釈性**といいます。しかしAIを使う以上、出力には高い精度が求められます。二つの変数だけでは精度が上がらないとすれば、より複雑なモデルを使う必要があります。複数の変数が絡み合ってくると二次元や三次元では表現できなくなってきます[15]。

機械学習モデルの説明責任とその正確性の間には自然なトレードオフがあります。近年の高い精度を出しているモデルは巨大で複雑なモデルです。

開き直ることが許されるなら、そもそも**機械学習モデルに「どのようなルールで判断したの？」と内部の判断構造を説明させることは、そもそもノンセンス**なのです[16]。

POINT

- そもそも機械学習が必要になったのは明示的なルールが作れなかったから
- しかし社会への応用のためには人への説明責任が求められる
- 精度を上げようとすればするほど解釈性は下がる

15) https://medium.com/@Zelros/a-brief-history-of-machine-learning-models-explainability-f1c3301be9dc
16) http://nautil.us/issue/40/learning/is-artificial-intelligence-permanently-inscrutable

6-4

AIはどのように予測や決定の根拠を説明してくれるのですか？

どんな質問にも答えられるＡＩは実現不可能です。
利用者の納得感を高める追加情報をＡＩから取り出す研究が進んでいます。

AIが求められている説明責任については、大きく二つの考え方があります。

一つはInterpretable（解釈可能）。もう一つはExplainable（説明可能）という考え方です。これら二つは非常に似ていて、しばしば混同されますが、実際は全く異なるものとして定義されています。

Explainability（説明可能性）

実際に例を見てみましょう。節足動物の特定の身体的特徴（足の数、目の数、羽の数など）を入力として、その節足動物の種類を出力として得るAIを考えます。下表はそのデータです。

種類	足の本数	針	目の数	眼	羽の枚数
蜘蛛	8	なし	8	単眼	0
カブトムシ	6	なし	2	複眼	2
蜂	6	あり	5	複眼	4
ハエ	6	なし	5	複眼	2

そして人間と説明能力のある仮想的な「XAI（Explainable Artificial Intelligence)」との対話を考えてみましょう。

人　「どうしてこの画像をカブトムシではなく蜘蛛と判断したのですか？」

XAI　「なぜなら８本の足があったからです。学習したデータの中では蜘蛛は８本の足がありました、カブトムシは６本でした」

人　「どうして８本の足があると思ったのですか？」

XAI　「数えたところ８本ありました。数えたところをハイライトしますね」（画像の足部分をハイライトする）

人　「どうして蜘蛛は８本の足を持つとわかったのですか？」

XAI　「なぜなら学習データ内の８本の足を持つほとんどの生き物が蜘蛛とラベルづけされていました」

人　「しかしタコだって足が８本ですよ、どうしてタコと判断しなかったのですか？」

XAI　「なぜなら学習データにタコというラベルはなかったからです」

このような説明がAIにできたら完璧ですね。しかしこれまで読んできた読者には、このようなAIを作るのがいかに難しいかわかるでしょう。

このように完璧なExplainableなAIに求められる条件というのは、一つの出力に対して、人間の思考の流れを踏まえながら、複数の質問に対して段階的に答え続けられるということです。

この例のように「なぜ？」という疑問から生じるは本来条件づけられたもので、本質的に一意に決められるものではないのです。

人間の意思決定もそうでしょう。なんで今日の夕飯はカレーなのか。それに対する答えが、「冷蔵庫の余りの材料から考えた結果」だとします。そのあとに「どうしてシチューじゃないのか」という疑問が湧くかも知れません。なぜという質問の深さは無限に続くのです。

人間の子供にも「なぜ？」を繰り返し聞きたがるタイプの子供がいます。このような質問に答え続けられるAIをXAI（Explainable Artificial Intelligence）と呼び、AGIと同じく実現が困難と認識されています。

Interpretability（解釈可能性）

AI関連の学会においても、説明応力をあげる取り組みは多く行われています。情報系の学術データベースから「人工知能」と「説明」というキーワードを含む論文数を超した結果、2016年あたりから関連する研究が急増していることがわかります。

図38

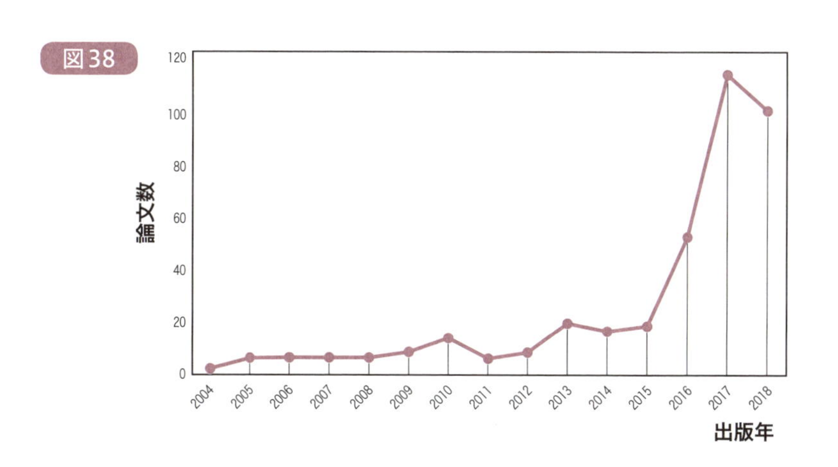

しかし、先ほど見たようなXAIは、いまのところ作ることができません。

解釈可能性を高める研究事例

現在、実際に行われている研究の多くは、どのように解釈可能性を高めるかをテーマとしています。例えば、画像認識する際に、AIがどこのピクセルに着目していたか、テキストのポジティブ/ネガティブ判定する際にAIはどの単語を見ていたかを明らかにしようと試みています。

図39

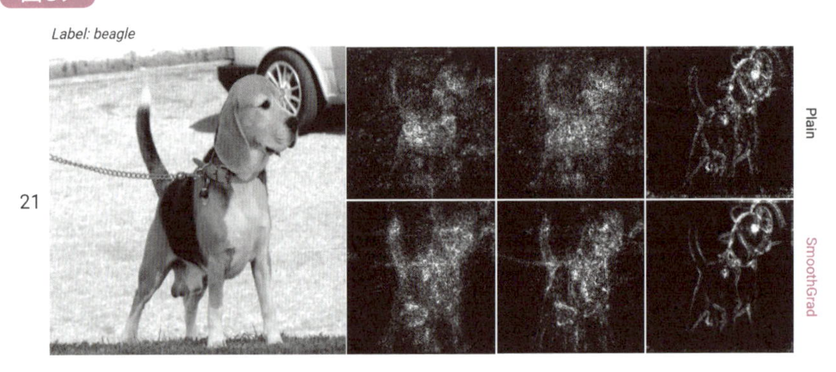

画像内でどこが判断基準になっていたかを可視化

図39では、AIが犬の写っている画像のどこに注目して（判断基準として）犬と判断したのかを可視化しています。左側の写真に対して、右側の写真（上三つ）は、AIが見た様子を黒地に白い点で表示しています。下三つは、SmoothGradという技術で画像をぼかすなどの処理を行い、感度マップというものを作成しています。これにより、人が見て特徴点が妥当かどうかを知ることができます。

このような仕組みによって、AIが間違えたときにどこに着目していたのかが明確になり、人間にも「背景画像のこの部分に誤反応していたんだな」ということがわかります。

図40

文章・単語のどこで着目してAIが推論を行ったかを可視化

GT: 4 Prediction: 4

pork belly = delicious .
scallops ?
i do n't .
even .
like .
scallops , and these were a-m-a-z-i-n-g .
fun and tasty cocktails .
next time i 'm in phoenix , i will go back here .
highly recommend .

GT: 0 Prediction: 0

terrible value .
ordered pasta entree .
.
$ 16.95 good taste but size was an appetizer size .
.
no salad , no bread no vegetable .
this was .
our and tasty cocktails .
our second visit .
i will not go back .

・AIはレビューのポジティブ度を推定。
・上側の図では、deliciousやamazingという単語を重視しつつ、1文目と6文目を重視して推論したことが可視化されている。
・右側では、terribleという単語を重視しつつ、1文目と最終文を重視して推論したことが可視化されている。

図40は、文章のポジティブ度（ネットでの書き込みが肯定的か否定的かなど）をAIに推論させた結果です。濃い色のところを重視したと表示することで、人がその妥当性を判断できるようにしています。

上側の例ではdelicious（美味しい）やamazing（驚いた）という単語を重視しつつ、1文目と6文目を重視していることがわかります。同様に下側の例では、terrible（ひどい）という単語が重視され、1文目と最終文を重視して推論をしたことが可視化できています。

AI学会ではこのような手法がたくさん提案されていて、様々なユースケースに対して、なぜそうなったのかというAIの判断の根拠を人が解釈できるようにする研究が続けられています。

6-3節で紹介した総務省のガイドラインのように、社会応用を目指す上で求められている説明責任は、この解釈可能性が該当すると思われます。

しかし、繰り返しになりますが、このInterpretability（解釈可能性）は、（言い訳になるかもしれませんが）**本質的な説明能力を果たしてはいません。**

機械学習モデルが判断結果を出力する上で、なにを判断の材料にしたかはわかるかもしれませんが「では、どうしてその結論になったの？」と聞かれた場合には答えることができないためです。

では、AIを信頼するにはどうすればいいのか、次の節で見ていきましょう。

POINT

- 説明可能性は人の疑問に答え続けること
- 解釈可能性は人間の脳の中をわかりやすく可視化したようなもので、判断の根拠を示せているわけではない
- 人間が求めるXAIは実現性がとても低い

6-5

AIの予測や決定を信じてもらうために説明以外の方法はありますか？

AIを試すテストを作り、
結果を検証する方法が
考えられています。

6-4節では、Explainability（説明能力）とInterpretability（解釈可能性）の違いについて見てきました。

社会応用のために、AIの説明責任を問われる現状に対し、世界トップの研究者はどのように捉えているのでしょうか？

以下に引用するのはディープラーニングの祖Geoffrey Hinton（ジェフリー・ヒントン）氏の意見です。

Hinton氏はYoshua Bengio氏、Yann LeCun氏らとともに「A.M.チューリング賞（A.M. Turing Award)」を受賞しています。チューリング賞とは「コンピュータ科学分野のノーベル賞」と称されるほど権威のある賞です。2012年のディープラーニングのブームとなったILSVRCで優勝チームを率いていたのもこのHinton氏です。

以下はWIRED誌でのHinton氏のインタビュー記事[17]の一部とそれを意訳したものです。

図41

TOM SIMONITE　BUSINESS　12.12.2018 12:14 PM

Google's AI Guru Wants Computers to Think More Like Brains

Google's top AI researcher, Geoff Hinton, discusses a controversial Pentagon contract, a shortage of radical ideas, and fears of an "AI winter."

"As a Google executive, I didn't think it was my place to complain in public about [a Pentagon contract], so I complained in private about it," says Geoff Hinton. AARON VINCENT ELKAIM/REDUX

In the early 1970s, a British grad student named Geoff Hinton began to make simple mathematical models of how neurons in the human brain visually understand the world. Artificial neural networks, as they are called, remained an impractical technology for decades. But in 2012, Hinton and two of his grad students at the University of Toronto used them to deliver a big jump in the accuracy with which computers could recognize objects in photos. Within six months, Google had acquired a startup founded by the three researchers. Previously obscure, artificial neural networks were the talk of Silicon Valley. All large tech companies now place the technology that Hinton and a small community of others painstakingly coaxed into usefulness at the heart of their plans for the future—and our lives.

WIRED caught up with Hinton last week at the first G7 conference on artificial intelligence, where delegates from the world's leading industrialized economies discussed how to encourage the benefits of AI, while minimizing downsides such as job losses and algorithms that learn to discriminate. An edited transcript of the interview follows

17) https://www.wired.com/story/googles-ai-guru-computers-think-more-like-brains/

私は、社会政策に関する専門家ではありません。テクノロジーを開発し機能させる側の専門家です。

私はAIに説明責任を負わせるべきかどうかについて、私の技術的専門知識に関連して答えると全くするべきではないと思います。

そもそも人は、自分たちがしていることのほとんどについて、自分たちがどのように機能するかを説明することができません。

あなたが誰かを雇うとき、決定はあなたが定量化することができるあらゆる種類の事、そして次にあらゆる種類の直感に基づいています。

人々はどうやってそうするのかわかりません。あなたが彼らに彼らの決定を説明するように頼むならば、あなたは彼らに物語を作ることを強制しています。

ニューラルネットも同様の問題を抱えています。ニューラルネットをトレーニングすると、トレーニングデータから抽出した知識を表す10億の数字が学習されます。

あなたが画像を入れると、正しい判断が出ます、これが歩行者であるかどうか、など。しかし「なぜそれを考えたのですか」と尋ねた際、画像に歩行者が含まれているかどうかを判断するための簡単な規則があるのであれば、そのような問題は、何年もずっと前に既に解決された問題だったでしょう。

システムをどのように信頼するかに応じて、そのシステムがどのように振る舞うかに基づいて規制する必要があります。

自動運転車を、人々は受け入れていると思います。たとえあなたが自動運転の車が、その中身の仕組みをよく知らないとしても、それが人によって動かされる車よりも、はるかに事故が少ないのであれば、それは良いことです。

このHinton氏の発言は、賛同もあった半面、多くの研究者から「Interpretableであることも、Explainableであることも放棄しかのようだ」と、批判的、懐疑的な意見が寄せられました[18]。

テストでなにを見たいのか？

例えば、あなたが数学の先生で、生徒にある三角関数の問題を出しているとします。そして学生のA君はその問題を間違えてしまいました。

先生はどうしてA君が間違えたのか、A君と一緒に会話をしながら説明してもらい、どこで間違えたのかを知ることができます。これはExplainableの例です。

一方、Interpretable（解釈可能性）は、A君がどのように考えたかを知るために、頭に穴を開けて電極を差し込み、脳の活動状況を可視化して解釈しようとしているようなものといえます。

どのようにしたら学生が、その三角関数をしっかり理解したことを確認できるでしょうか？

先生が学生の理解度を確認するために行うべきことは、脳の中をのぞく代わりに、**慎重に試験を作る**ことです。

試験は教科書をただ丸暗記するだけでは解けないように作成することが必要です。これはAIでいうところの**期待損失を下げる**ことです。

他にもAIを人間社会に溶け込ませるために、6-2節で紹介した「**バイアス**」の問題のように、男女によって差別がないかを調べることも重要です。また、最新の「AIを騙す技術」を用いて誤動作が発生しないか、「**堅牢性**」をチェックすることも重要です。

Hinton氏の記事で「システムがどのように振る舞うかに基づいて判断する」というのは、**AIに対してこのような多くのテストケースを与え、AIがどのように振る舞うかを観察することで、解釈しようという姿勢**と一致します。

---

18) https://www.forbes.com/sites/cognitiveworld/2018/12/20/geoff-hinton-dismissed-the-need-for-explainable-ai-8-experts-explain-why-hes-wrong/#5d5f3796756d

このようにAIの近未来トレンドは、テストが必要になること。解釈可能性を求めるのではなく、様々なテストとチェクリストを用意することになるでしょう。

POINT

- 人間も自分の行動に対して説明責任を完璧には果たせてはいない
- 人間に対して行うように、テストを丁寧に作り、その結果を慎重に分析する技術が求められている

第7章

これからのAIはどうなる？

7-1

AIが感情を持つようになるって本当ですか？

現在のAIは
人の感情とは違う
「感情らしきもの」を
持っています。

カナダ、モントリオール大学のAI研究者、ヨシュア・ベンジオさんは、「AIが感情を持つようになるか？」という質問に対して、次のように答えています[19]。

> 将来感情を持つAIはできるだろう。深層強化学習のシステムに、既に原始的な感情は含まれています。ただそれらは恐怖や喜びなどの原始的な感情。人間の感情は、社会的交流に関係した豊かなもの。だからAIが人間同士の社会的な交流を理解しない限り、より洗練された感情を持つことは不可能だと思う。最終的にAIは感情を持つようになるだろうが、それは人間とは違った感情だろう。なぜならAIは社会のなかで人間とは別の役割を持つはずだから。犬や猫を考えてみれば分かる。彼らは感情を持つが、人間と同じではない。

AIも学習を行う際に、自らが行なった行動に対して、目的関数から良かったか悪かったかというシグナルを与えられます。褒められればその行動を強化し、怒られればその行動を抑制するということは、ある意味AIも恐怖や喜びを感じていると人間が勝手に解釈することはできます。しかし本当にそれらを、恐怖や喜びという言葉で形容していいのでしょうか？

上の例でもあるように犬や猫も感情を持つでしょう。しかしそれらは人間と全く同じ感情の構造を持ってはいないはずです。そのため人間は本当の意味で、犬や猫の感情を理解することはできないでいます。

その主な原因は、社会的交流の方法（身振りや手振り、抱きしめるなどの身体的会話や、人間のような言語を用いた会話など）が異なるためです。感情というのは社会的交流の中で生まれるものです。

そのためAIに対しても“感情らしきもの”を空想することはできますが、確かめようはありません。

---

19) NHK Eテレ「人間ってナンだ？超AI入門 シーズン2」#12 最終回「働く」3月28日
https://www.nhk-ondemand.jp/program/P201700169900000/

生き物とAIを分ける三つの軸

これらの感情または意識を持つ上で重要な「複雑さ」というものは三つあると、スペインバルセロナの研究機関「IBEC」のXerxes D. Arsiwalla氏らによる『The Morphospace of Consciousness』という研究論文で提案されています。

●自律性（Autonomy）：
明示的に目標を与えられなくても、自身で行動を選択できる能力

●計算性（Computational）：
何か解きたいタスクが現れた際に、それらを解決する能力

●社会性（Social）：
同種の生き物とコミュニケーションをとり、自分一人ではできないことを可能にする能力

これら三つの軸に基づいて様々な生き物をプロットしたものが図42になります。

図42

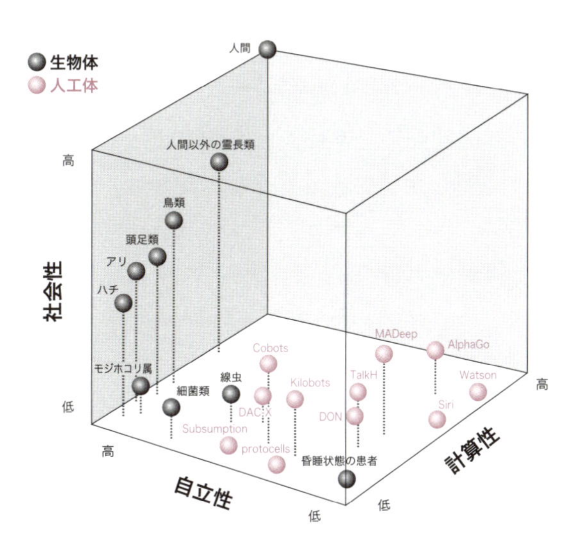

人間は三つの軸についてトップに位置しています。

鳥や頭足類（タコなど）やアリや蜂などは、計算能力は低いものの自律性と社会性が高いと表現されています。これらの生き物はフェロモンや軌跡などで相手に餌の位置などを伝えることができます。

一方SiriやWatsonといったAIは、計算能力は非常に高い一方、自律性や社会能力がとても低いことがわかります。これは今まで見てきたAIの仕組みを考えれば明らかですが、これらのAIは人間によってあらかじめ与えられたタスクを解くように訓練されたものであり、それ以外の能力を持ち合わせていません。

人間が一般的に推測する高度な感情を持つ生き物は、社会性の軸が高いところに位置しています。

社会性を手に入れるAI

社会性をもつ生き物は「感情」を持ち得ます。AIはまだまだその点原始的な感情を持つに過ぎませんが、これからは変わっていく可能性を秘めています。

7-2節以降で説明するAIは、特に近年研究が活発に行われている、社会性を持ったAIです。

互いに協力しあって一つの目標に向かって行動するAIや、互いに競争しあいながら成長していくAIなどが登場します。

これらは、ある意味社会性を手に入れたAIであり、上の仮説に基づけば“より高度な感情”を持っているかもしれないAIです。

POINT

- 現在のAIは、感情に似たようなものを持っているが、人の感情とは違うもの
- これからのAIは社会性を持ち、より高度な感情表現が可能になるかも知れない

7-2

AIがAIを作るってどういうことですか?

AIを作るときの試行錯誤を一部AIに任せることを指します。人が作ったAIを性能面で上回る事例も生まれています。

近年ものすごい勢いで注目を集めている研究分野があります。AutoML（オートエムエル）と呼ばれるもので、一言でいってしまうと、AIをAIに作らせてしまおうというものです。

職人芸が求められるAIの設計

AIがAIを作るというのはどういうことでしょうか？　人間がAIを作る上で事前に定義しないといけないものが二つあります。

1. AIに何を解かせたいか（目的関数）
2. AIのアーキテクチャ（どんなアルゴリズムを使うか）

一つ目に関しては、さすがに人間が定義する必要があるのですが、二つ目は、それを自動化させてしまおうという試みです。

実際に、ある一つのタスクに対して、様々なアーキテクチャやアルゴリズムが提案されることは珍しくありません。

「ILSVRC」という画像認識コンペでは、同じデータセットに対して、様々なアルゴリズムやディープラーニングのアーキテクチャが提案され、年々精度が向上しています。2015年にはついに人のベンチマークを超えました。

AIは、とかく内部が自動で設定されるというイメージを持たれる方が多いと思いますが、どうしても人が決めなければいけない設定は必ず存在します。

そのような設定を、「ハイパーパラメータ」と呼びます。例えばディープラーニングでは層の深さや、ニューロンの数などがあたります。例えるなら脳の設計図で、学習する方法は一緒でもこのハイパーパラメータが異なるとAIのパフォーマンスが変化するのです。

これらのハイパーパラメータはいわばAIが学習できないパラメータで、性能向上のために、専門のエンジニアが、膨大な実験を通して得られた知識、経験、勘などを頼りに試行錯誤を重ねることで見つけ出していました。

AIが作るAIは人間が作るAIよりも高性能

この職人芸を、科学的に解決できないだろうかという課題は、長く存在していました。

その課題に対して、2018年にグーグルがAutoMLというアプローチを提案しました。これは名前が示す通りディープラーニングモデルの試行錯誤（それらアーキテクチャやハイパーパラメータの決定）を自動化してしまおうという取り組みです。

図43

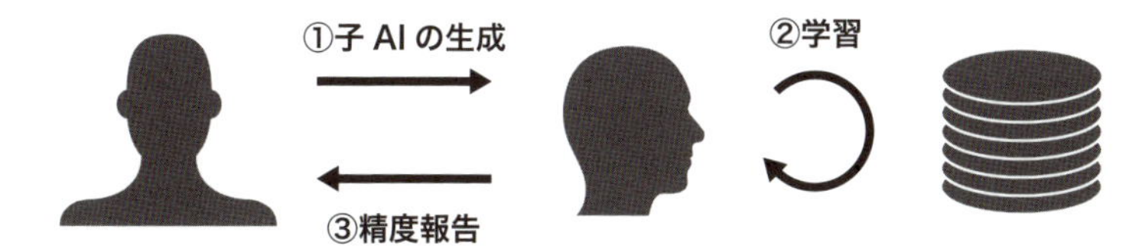

AutoMLの新しさは、二つのAIを同時に学習させるという点です。AIのハイパーパラメータや構造自体を提案する「親AI」と、そしてこの「親AI」によって生成された従来通りのAIを「子AI」と呼ぶことにします。

AutoMLの学習のサイクルは以下のようになっています。

①親AIが子AIを生成する
②子AIがデータセットを学習する
③子AIの学習結果を親AIに伝える
①親AIはそのフィードバックを元に新たな子AIを生成する
②新しい子AIがその形で学習を行う
：

「親AIが学習するシグナル」は、「子AIが示したパフォーマンス（精度など)」になります。

親AIが提案した機構によって、子AIからの精度が高くなったり低くなったりするといったサイクルを繰り返すことで。親AIは徐々にどのような構造を取れば、精度が高くなるかを学習します。

ここでは、親AIと子AIという二つのAIが役割を分担し、それぞれ別のタスクを解いていることがわかります。マクロな目で見れば一つのAIですが、内部的には二つのAIが社会的関わりを持って一つの目標に向かっているわけです。

2019年に発表された論文で、EfficientNetと呼ばれる画像認識AIは上記の仕組みを応用しています。AIによって作られた高性能なAIです。

図44は、そのEfficientNetと、これまで人が考えたアーキテクチャとの性能の比較です。

図44

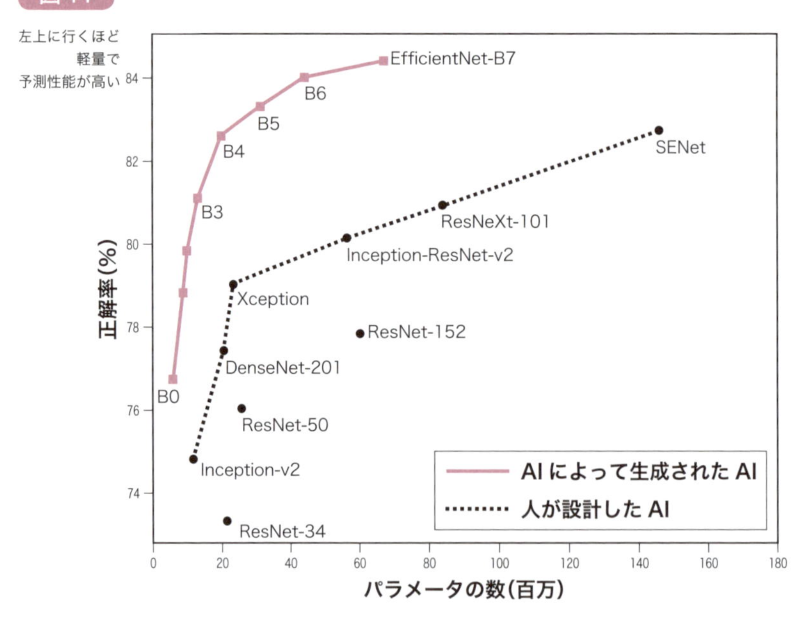

縦軸が正確性の精度で、横軸が計算処理数（少ないほど計算効率がいい）を示しています。

EfficientNetは、構造（ニューロンや層）の大きさにより8種類（B0〜B7）提案されており、それぞれの性能が線で結ばれています。

EfficientNetの線は、精度でも計算効率の点でも、人間が今まで作ってきたものよりも上にあります。AIがAIを作るモデルが、精度と速度の両面で、人が今まで知識を振り絞って考えていたものよりも優れていることを示しています。

進むAIの民主化とAIエンジニアに求められる価値の変化

この技術は、すでに実用段階に入っています。例えばグーグルのサービスを用いれば、我々はただ待っているだけでトップデータサイエンティストと同等の精度のモデルを得ることができます。

これまで**職人芸化していたネットワークの調節や、アイデア勝負になっていたアーキテクチャの提案を、AIに任せれば良くなった**わけです。

昨今、我々の仕事のいくつかはAIに奪われるだろうといわれてきましたが、熟練のAIエンジニアが行なっていた仕事の一部も、AIに置き換えられているわけです。

もちろん、AutoMLやEfficientNetのような学習手法も完璧ではありません。なにより膨大な計算リソースが必要なことがわかっています。

とはいえ、これからのAIエンジニアに求められるのは、データサイエンティストとしての側面でしょう。このデータからはこのような価値が生み出せそう、〇〇が知りたい場合は××のデータが必要、計算リソースや予算から最適な手法はどれか、といったコンサルティング寄りの能力が求められるようになるでしょう。

よりリアルな現場でも加速するAutoML

AutoMLの普及は間違いなく今後も加速していくでしょう。

Kaggleというデータ分析コンペでは、腕利きのデータサイエンティストたちがしのぎを削って様々なアルゴリズムを提案してきましたが、彼らの作ったAIとAutoMLが生み出したAIで精度を競わせた結果が公開されています。

世界中のデータサイエンティストとの、ガチンコな精度比較です。

2019年に開かれたKaggleDaysイベント[20]の一部で、最大3名のチーム74組が8時間半をかけて競うコンペが催され、AutoMLとデータサイエンティストたちが勝負する機会が生まれました。一連の自動車部品についての素材の特性とテスト結果の情報を与えて、製造における欠陥を予測するという課題でした。

最終的に、AutoMLは2位になり、AutoMLの精度は既に人間同等かそれ以上になっていることが確認されています。

よりブラックボックス化を促す自動化

しかし、親AIによって生みだされた新しい子AIの構造は、良いことばかりではありません。**AIのブラックボックス化がより進む**からです。なぜそのような構造がうまくいくのか、なぜそのような性能が実現したのか。それらに対する解釈が行えないのです。これはある意味解釈性を求めようとする現在の流れとは逆行しているといえます。

AIの中で何が起きているのかに対する解釈性はどんどん難しくなっているわけです。

POINT

- AIには学習させる部分とネットワークのそもそもの構造を定めるあらかじめ人によって規定されたパラメータがある
- すべてパラメータを試すよりも自動化されたアルゴリズムで抽出した方が性能が高いケースが出始めている
- その結果人間が作ってきた構造を超える性能のものが作れるようになってきている

20) https://kaggledays.com/

7-3

囲碁AI同士が対局したらどうなるのですか？

勝敗がつき、
互いに切磋琢磨して
強くなっていきます。
囲碁の世界では
プロよりも強いAIが
生まれています。

人間はお互い切磋琢磨しあいながら成長していきます。それと同様のことが現在のAIでも起きています。次は「競争」という社会的交流を持った二つのAIの関わり合いの例を紹介します。

2017年にグーグル傘下のDeepMindによって発表された囲碁AI、AlphaGO Zeroは過去の棋譜データすら全く与えずにトップ棋士に圧倒的勝利を収めました。

AIにおける切磋琢磨とは?

囲碁AIは、ある時点の石の配置を入力にして、次にどこに石を置くかを出力するAIです。学習の仕組みは強化学習をベースにしています。

強化学習は、図45のような枠組みで学習を行ないます。強化学習では、いわゆる「正解」は与えられません。選択した行動に対して、それぞれ良さ（報酬）が与えられ、それが最大になるように学習を行う仕組みです。この囲碁AIでは、最後に買ったか負けたかが報酬になります。

図45

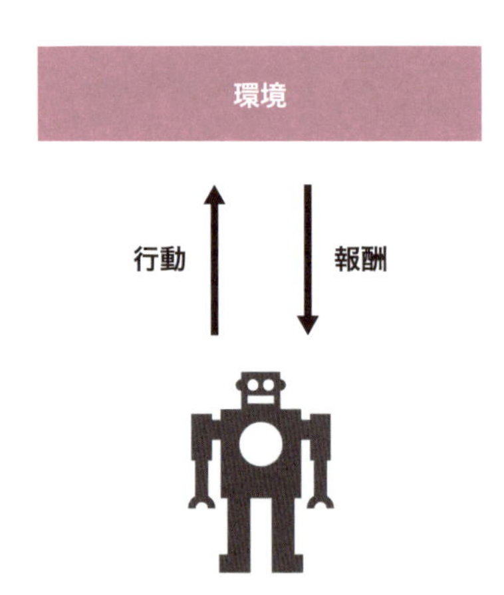

この囲碁AIの学習方法です。まず学習させるAIを二つ用意します。

大事なのは交互に学習を行うという点です。まず片方のAIが一連のプレイを行い、最終的な勝ち負けに応じて自分の行動戦略を変化（学習）させます。

この勝敗結果はもう片方の学習には用いられず、あくまで片方のAIのみ学習させます。

それが終わると今度はもう片方を学習させる番です。同様に一局プレイを行い、勝敗に応じて行動戦略を変えます。

①AI-1 vs AI-2
②AI-1が学習
③親AI-1 vs AI-2
①AI-2が学習
　：

このように交互に学習することで、徐々に両者ともに賢くなっていきます。これらの計算を回し続ければ、自動的に賢いAIが手に入ることになります。その間に人の介入は不要です。この仕組みは「自己学習」（self-play）呼ばれます。

図46

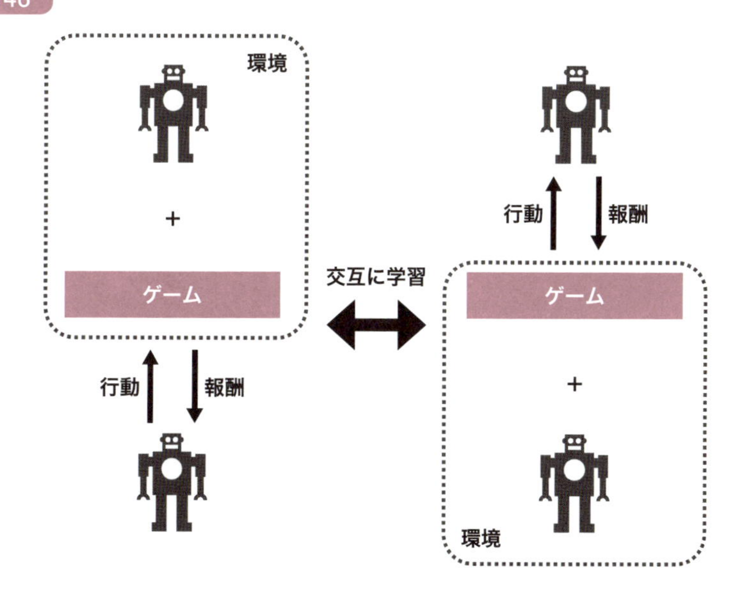

AIから打ち方を学ぶトップ棋士

AlphaGO Zeroは、人が持つ事前知識を与えず、最初はランダムな打ち方から始めます。そして徐々に時間をかけて学習し、最後にはプロ棋士にも勝る打ち方を手に入れました。

実際の人との対局中では、現在の囲碁の定石では「悪手」とされる手を多く打っていたそうです。それでも、なぜか最終的には人が負けてしまう。といった場面があったそうです。

本書の6章で説明したように、現在の囲碁AIは、なぜその手を打ったかを説明してはくれません。いったい何を期待して打ったものなのか、人間は解釈ができないままということになります。

近年では逆に囲碁界の方に変化の波が訪れており、それら囲碁AIが打った棋譜や謎の一手から人間が勉強をするといったことも起きているそうです。AIの行動を、結果をみて、後から人間が解釈性を与えようとしています。

POINT

・AI同士の対戦による学習は、人間が処理できないレベルでのパターンを学習することができる。

7-4

AIはどのようにリアルなフェイク画像を作るのですか？

フェイク画像を作るAIと
フェイク画像を見抜くAIを
ほどよいバランスで
競わせると、
リアルな画像を作れます。

2014年にIan Goodfellow（イアン・グッドフェロー）氏によってGAN（Generative Adversarial Network）という手法が提案されました。GANは日本語では敵対的生成ネットワークと訳されます。

これはAIをAIと競争させて性能向上を図る方法の一つですが、7-3節のような対等関係ではなく敵対関係で行います。

フェイスブックのAI研究所所長であるヤン・ルカン（Yann LeCun）氏は、GANを「機械学習において、この10年間でもっともおもしろいアイデア[21)]」と形容しました。

グッドフェロー氏は2017年にはMITテクノロジーレビュー[22)]によるIT技術にブレイクスルーをもたらした人物を選出する「35 Innovators Under 35」の一人に選ばれています[23)]。

人間には見分けがつかないAIが作った偽物

まずはGANによって何ができるかを見てみましょう。

図47は、GANをベースにした技術（BigGAN）によって作成された画像データです。これらの画像は実際には世の中に存在しないもので、AIが生み出したものです。本物と見紛うレベルの画像が生成されているのがわかります。

図47

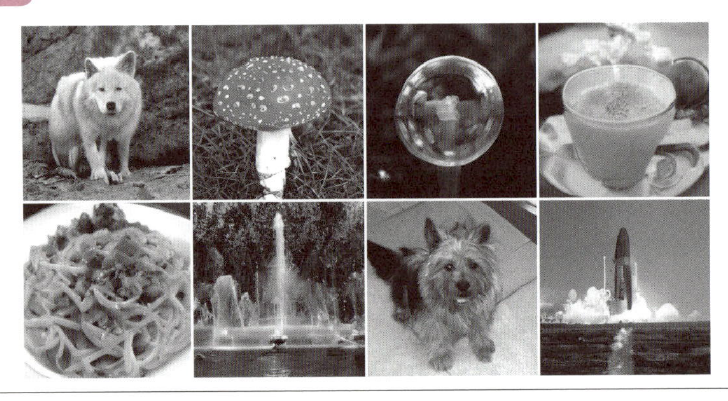

21）https://www.kdnuggets.com/2016/08/yann-lecun-quora-session.html
22）https://www.technologyreview.com/
23）https://www.technologyreview.com/lists/innovators-under-35/2017/inventor/ian-goodfellow/

「GAN」の仕組み

●偽造者AIと警察AI

GANの仕組みは、グッドフェロー氏の説明がわかりやすいので引用します。

> これは偽札を作る人と、それを取り締まる警察の攻防になぞらえることができます。偽造者が本物そっくりな偽札を造ろうとするのに対し、警察はどんどん高度になる偽札を確実に判別する技術を高めていくのと同じような仕組みです。

GANは、GeneratorとDiscriminatorという別々の（独立した）学習モデルを用います。これらの関係は、先の例では、紙幣の偽造者（Generator）と、その紙幣が偽造紙幣であるかを見抜く警察（Discriminator）の関係になります。

図48

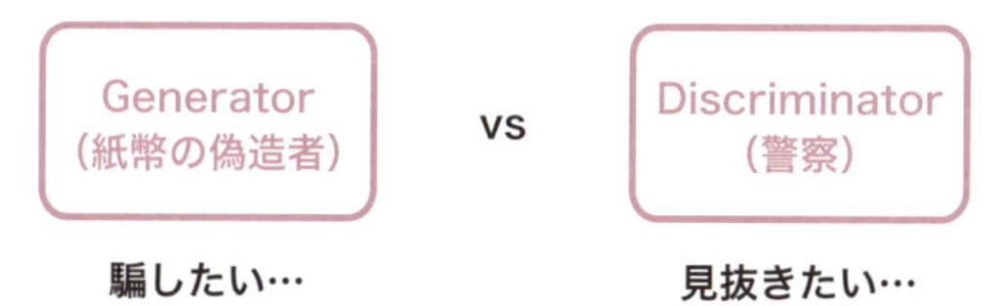

●二つの相反する目的関数

この競合する二つの学習モデルは、互いに独立して学習を行います。例えば、一方が偽物の画像を見つけ出す能力を高めようとするなら、もう一方は、その警察に見破られない偽物を作成する能力を高めようとするわけです。

警察AIの目的関数は

- 入力が本物の画像（画像データセット）から入力されたものか、生成された偽物なのかを見分ける

ことで、偽造者AIの目的関数は

・警察AIが間違える（自分の生成したものが偽物とバレない）

です。

つまり双方が相反する学習を行なっています。そして、それぞれ別々に同時に学習を行います。

この関係は、イタチごっこの関係にあり、それぞれ学習を同時に開始した時点から、お互いのフィードバックを元に、競い合うことで互いの精度を高めていきます。

学習が進むと、偽造者AIは警察AIにバレないようなデータを生成します。一方警察AIは、ちょっと似ているぐらいでは騙されない（見抜ける）厳しい目を持ちます。

どちらか一方が相手を凌駕しないような、程々の均衡を保って学習を進められた場合、人でも見分けがつかないようなリアルな画像が生成されます。

Generative Adversarial Network（GAN）が敵対的生成ネットワークと訳されているのも、この競い合いのことをいっています。

7-5

AIはどのように不良品を見つけるのですか？

正常品の画像から、
偽造者AIと警察AIを作ると、
偽造者AIが
自分の作った偽画像よりも
質の悪い不良品を
見つけてくれます。

AIは、学習のために大量のデータが必要です。ここが生命線であるため、データは金とか石油に例えられるほどです。

実際に、十分なデータが確保できないときに、このGANを応用して、データをAIが作り出してしまうことが行われており、それなりに良い成果が出始めています。

GANの警察AIが判定できないレベルのデータであれば、学習用として使えるという考え方です。

データを用意する、そしてアノテーションを作るといった作業がいらなくなるという点で、今後のAIの導入コストを大きく下げてくれる可能性があります。

品質管理への応用

工場内の品質管理（異常検知）の例を考えてみましょう。機械学習を用いて、正常品（規格内品）と不良品（規格外品）とを判別するわけです。

ところが、機械学習をこのような用途に使おうとすると、困った問題が一つ生じるのです。たいていの場合、不良品（規格外品）のデータが少なく、AIの学習には足りません。

GANはアノテーションのないただのデータから、二つのAIを学習させていました。一つはもとのデータセットと見分けがつかないようなデータを生成する偽造者AI。もう一つはそのデータが偽造者AIによって生成されたデータなのか、もともとのデータなのかを見分けようとする警察AIでした。GANのこの機能を使い、不良品（規格外品）データが不足する不良品判定に活用します。

仮に正常品しか流れてこない工場のコンベアを想像してください。その正常品だけのデータを使ってGANを学習させると、その正常品らしいデータを生成する偽造者AIとそれを見抜く警察AIができます。

そこに不良品を流した場合、偽造者AIの方が「(自分が作る偽物よりも本物らしくないから）偽物だ！」として見抜くことができるわけです。

これはある意味人間と同じような仕組みともいえるかもしれません。人間もたとえ何が異常か知らされていなくても、正しいと知っているものと乖離がある場合に、異常と判断することができます。

異常検知の領域では、これまで統計的手法が用いられてきました。統計的手法は低次元なデータ（例えば、温度、湿度、モーションセンサーデータなど）を対象とする場合には有効に機能していました。しかしカメラやマイクを用いた現場、例えば目視検査や打検などが必要とされる領域では、データが高次元化して多くの情報を含んでおり効率化が求められていました。

GANを用いた異常検知の手法は、従来の統計的手法よりも、特にこれらの高次元のデータを扱わなければならないケースにおいて、はるかに高い精度を示すと発表されています。

GANを用いた異常検知への応用論文では様々な手法が提案されており、今後の展開が広く期待されています。

POINT

- GANの本質はもともともっていたデータの分布と近いものを生成することにある
- その結果分布から外れた異常を検知できたり、またシミュレータから生成した画像を現実世界風に変換して学習のアノテーションコストを下げることもできる

第8章

AI研究の最前線

8-1

AIの研究が急速に進んでいる理由を教えてください

中核技術が公開されたことで、簡単に検証、参加できる環境が整い、利用者や新しいアイデアが爆発的に増えたからです。

AIの研究成果はオープン

AI研究は加速度的に進化し続けており、技術競争は熾烈を極めています。

その理由の大きな要因の一つが、**オープンな研究開発環境**であり**オープンソース**です。

AIの中核となる仕組みの多くの部分は、オープンソースとして公開されています。誰でも最新の論文に無料でアクセスでき、それらAIのプログラムのコードも手軽にダウンロードしてき扱うことができる“オープン”な状態になっているのです。

AIによる画像認識コンペ「**ILSVRC**」で優勝した歴代モデルも、そしてトップ棋士に勝った囲碁AIの「**Alpha GO**」も、誰でも使えるようにプログラムのソースコードが一般に公開されています。

プログラミングをかじったことのあり、英語が読める人なら、それら世界のトップ研究成果を自分のPC上で再現させることができる時代なのです（マシンパワーは、それなりに必要ですが……）。

オープンサイエンスのメリット

最新の研究成果がオープンになっているのは、どうしてでしょうか？

まず、オープンに利用する側のメリットを考えてみます。

1. 簡単に試せる（利便性）

その理論だけでなくソースコードやデータセットまで公開してくれていると再現がとても簡単になります。

2. 第3者が検証できる（透明性）

提案手法が正しく動作しているのか、得られる結果は信頼できるものなのか、それらを外部の人が検証することができます。

オープンなプログラミング用ライブラリは、多くの人に使われるため、問題があった場合などはすぐに広く報告され、信頼性が高くなる傾向にあります。

クローズドな（企業などが自社用に独自開発する）システムの場合、誰も問題の存在に気づかないまま使ってしまうことがあります。信頼性は格段に違ってきます。

3. 新しい参加者が受け入れやすい（参加）

その分野への参入障壁が低くなることで、新規参入者が入りやすくなり、新しいアイデアが生まれる可能性が圧倒的に増えます。

このようなオープンな状況での発展を、「オープンサイエンス」と呼びます。これが現在のAIの急速な進化を後押ししている大きな要因です。

せっかくの新しい技術をオープンにする理由

AI研究者の視点では、新しく開発された技術はオープンな方がありがたいのは確かです。では、なぜ企業などは、新しい技術をオープンにするのでしょうか？

グーグルやフェイスブックなどの企業は、論文だけでなく、企業システムの開発を楽にするフレームワークなどを無償で公開しています。

例えば、ディープラーニングを簡単に使うフレームワークは、様々なものが提案されています。

2012年当時、ディープラーニングの研究開発をしようと思った際に使える計算ライブラリはTorch（トーチ）とTheano（テアノ）というものしかありませんでした。その後、2013年末にYanqing Jiaが博士論文を書く過程で作ったCaffe（カフェ）が登場。2015年6月には日本のPFNがChainer（チェイナー）を発表。2015年9月にはグーグルからTensorFlow（テンソルフロー）がリリースされます。その後いろいろな会社が、それぞれのディープラーニング用の計算ライブラリを公開していきました（次ページの表を参照）。

これらは、それぞれの企業にとって、大きな投資の成果であり重要な資産です。なぜ公開という道を歩んだのでしょう。オープンに知財を提供する側のメリットをまとめます。

主要な機械学習、ディープラーニングのライブラリ、フレームワーク（再利用可能なもの）

ライブラリ／フレームワーク	開発者（当初）	ライセンス方式※
テンソルフロー TensorFlow	グーグル	Apache 2.0ライセンス
ケラス Keras	François Chollet	MITライセンス
チェイナー Chainer	プリファード・ネットワークス	MITライセンス
パイトーチ PyTorch	フェイスブック	修正BSDライセンス
エムエックスネット M X Net	ワシントン大学 カーネギーメロン大学	Apache 2.0ライセンス
マイクロソフト Microsoft コグニティブ Cognitive ツールキット Toolkit	マイクロソフト	MITライセンス
カフェ Caffe	Yangqing Jia （カリフォルニア大学バークレー校）	BSDライセンス
ナンパイ NumPy	Travis Oliphant	修正BSDライセンス
パンダス Pandas	PyData開発チーム	BSDライセンス
マットプロットリブ Matplotlib	John D. Hunter	独自ライセンス
サイキットラーン scikit-learn	David Cournapeau	新BSDライセンス

※ライセンス方式の詳細については、各ライブラリまたはフレームワークに含まれるライセンス条項を確認してください。

●知的財産のオープン化

知的財産のオープン化により、多くの研究開発および導入するための協力者を引き寄せることができる。

●コミュニティの形成

協力者が増えれば、横方向の情報共有も活発になる。情報が増えれば、より安心して研究開発を行うことができ、また創出される価値も増える。

●競争領域と協調領域

差別化できる部分は守った上で、外部の力を使えるところは使うという発想。現在は、プログラムコードよりも、それに必要なデータや動作環境、および周辺サービスが、差別化のポイントになっています。

このようなメリットは、ネットワーク効果と呼ばれます。ネットワーク効果とは、「顧客が増えれば増えるほど、ネットワークの価値が高まり、顧客にとっての便益が増す」ことをいいます。

ネットワーク内の人だけでなく、ネットワークの外部にいる第三者にとっての価値をも高めるという意味から、ネットワーク効果のことをネットワーク外部性ともいいます。

ネットワーク外部性が働くサービスや製品では、その性能よりも、利用者の数によって得られる便益の方が大きいので、いったんシェアで優位になると、爆発的にユーザーが増加する傾向があります。

オープン化が促したもう一つの価値観

AI研究の分野がオープンソース化した結果、誰でも最先端の技術を試せるようになり、新規研究開発者の参入障壁が低くなり、そして価値の創造スピードが高速化しました。

研究者は自分の成果を世に出すことが仕事です。「一刻も早く（誰かが同じような成果を発表する前に）世界に公表せねば！」というプレッシャーと戦っています。このオープン開発環境は、まさに打ってつけでした。

このオープン化は、AIが「コモディティー化した」もしくは「民主化した」ともいわれます。結果として、安い・早い・美味いが享受できています。

POINT

- 現在のAIの発展はオープンサイエンスによる恩恵が大きい
- それにより利便性、透明性、参加性が高まった
- 近年ではさらにスピードという軸が生まれてきて、オープン化がそれを加速させている

Waymoのオープンデータ戦略

自動車の自動運転技術を､世界でリードしている会社があります。Waymo（ウェイモ）です。米国カリフォルニア州のマウンテンビューに本社があり､2016年12月にグーグルの自動運転車開発部門が分社化して誕生しました。

彼らの自動運転車は、2018年に100万マイル以上の走行実績があります。これは2位GM Cruiseの2.8倍、3位アップルの16倍の走行距離です。

Waymoは、彼らの自動運転車から集めたデータを大量に持っており、2019年8月に研究者に無償公開すると発表しました。Waymoは、「AIの研究は、価値あるデータを使うことによって、イノベーションを起こすことができる」といいます[24]。

Waymoのこの取り組みは、自動運転車に限らず、ロボット工学などの分野において、認識技術や各種の予測機能を進化させることに大きく貢献すると思われます。研究者がこれらの技術とデータを用いることで、Waymoもグーグルも、優れた知見が集まってくることや、彼らのビジネスが利用されるなどのメリットがあるわけです。

24) https://waymo.com/open

8-2

世界でAI研究をリードしているのはどこの国ですか？

以前はアメリカがリードしていましたが、中国に抜かれ始めている状況です。

日本は単独で競争に勝つのは難しい状況です。

昨今のAIの発展には目を見張るものがあります。それではAIの研究開発は、いったいどこがリードしているのでしょうか？

一つの説得力のある指標として国際学会における論文の採択数を見てみましょう。

以下の表は、AIトップ国際会議の2012年から2018年の間に採択された論文の投稿数を累積したランキングです。

1位がCMU（カーネギメロン大学）で、2位がマイクロソフト、3位がグーグルとなっています。分野ごとに若干のばらつきはありますが、大学レベルで高度な研究が行われていることが見て取れます。残念ながら、日本の企業や大学は、このランキングには顔を出せていません。

順位	大学/企業	順位	大学/企業
1	カーネギーメロン大学	11	ケンブリッジ大学
2	マイクロソフト	12	中国科学院
3	グーグル	13	エディンバラ大学
4	スタンフォード大学	14	コロンビア大学
5	マサチューセッツ工科大学(MIT)	15	テキサス大学オースティン校
6	清華大学	16	オックスフォード大学
7	カリフォルニア大学バークレー校	17	ジョンズ・ホプキンズ大学
8	IBM	18	フェイスブック
9	北京大学	19	ペンシルベニア大学
10	ワシントン大学	20	南カリフォルニア大学

2018年だけの別の集計によれば、NeurlIPS（機械学習で最も規模が大きいカンファレンス）での論文数は、グーグルが57本で第1位。マサチューセッツ工科大学（MIT）が44本で第2位となっています。

マサチューセッツ工科大学（MIT）は、2018年10月に1ビリオンドル（約1000億円）をAI教育に投資し、また新しい大学を設置することを発表しました。米国の大手投資ファンド運用会社ブラックストーンのCEOスティーブン・シュワルツマン氏はMITに対して350億円を寄付しています。彼らは、米国が中国からの遅れを取り戻し、AI分野で主導権を握るために、政府を含めこのような行動を起こすことが必要だと訴えています。このようなことは、MIT以外の大学でも大規模に行われています。

中国は質でもアメリカを抜き世界一になるか

2018年のAAAI（アメリカ人工知能学会）という学会における論文の投稿数と採択数を国別にグラフにしたのが図49です。現在のAI研究は、およそアメリカと中国の二つの国によって行われていることが分かります。中国は、教育と産業の双方に投資を拡大する政策が成果を上げているようです。

図49

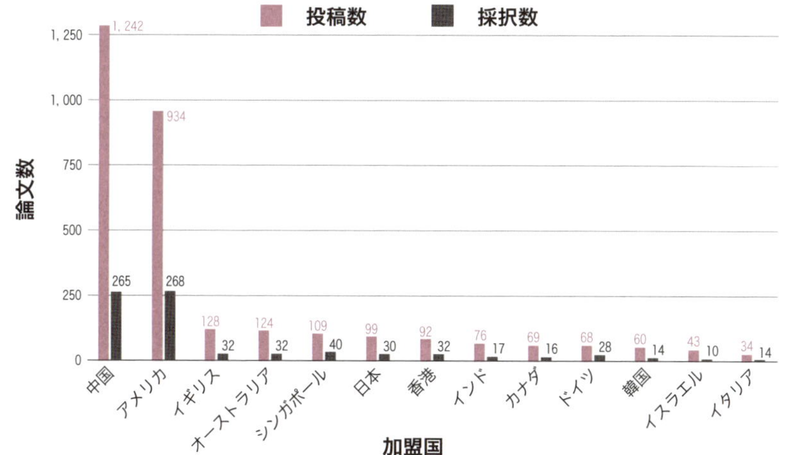

中国は、実のところ2006年にはAI関連の論文投稿数で既にアメリカを凌いでいます。しかし当時は質が高いものばかりではありませんでした。

シアトルに拠点を置くポール・アレン人工知能研究所（AI2）は、論文が引用される頻度（その論文がどれだけ影響力があるか）を測定することによってAI研究の質の調査を行っています。

そのAI2が2018年末までに発表された200万件を超えるAI論文を分析した結果、数年以内に引用数が多い上位10%の論文での国別1位は中国に、また2025年までには上位1%の論文でも1位が中国によるものになると予測しています（図50の上側のグラフを参照）。

同じ調査で、引用数が多い上位10%の論文に占めるアメリカの割合は、1982年の47%が、2018年に29%まで低下しています（図50の下側のグラフを参照）。

図50

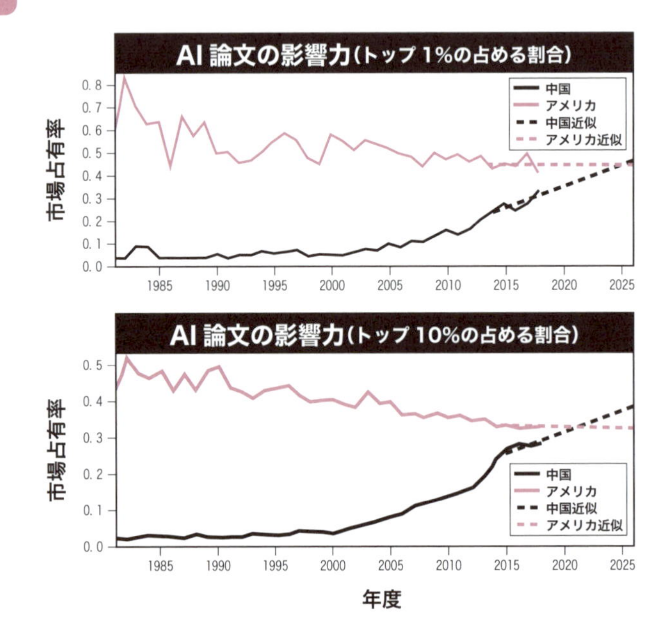

AIの基礎研究で中国が米国を量でも質でも上回るのはなぜでしょうか？

それにはいくつかの理由があります。第一に、中国が国をあげてAIの基礎研究に投資していること。第二に、米国企業が留学生や外国人を採用しづらい政策に縛られてしまっていること。そして第三に、優秀な米国人研究者が、FANNG[25]やその他の企業に引き抜かれてしまい、基礎研究よりも応用研究

25) フェイスブック、アマゾン、ネットフリックス、エヌビディア、グーグルを指す

やサービス開発に従事してしまうことなどです。高額報酬による人材引き抜き合戦が、基礎研究を弱体化させているという皮肉な状況を生み出しています。

日本は、そもそもAI技術を学べる大学や学科が諸外国に比べて著しく少なく、AIに限らずに全ての理工系学部の卒業生の数（毎年）を比べても、米国の6分の1程度、ドイツ、英国、韓国の半分程度と危機的な少なさです（OECD調べ）。

図51のグラフは、米国ベンチャーキャピタル「Kleiner Perkins[26]」の調査レポート『Internet Trends[26]』にて発表された情報です。

図51

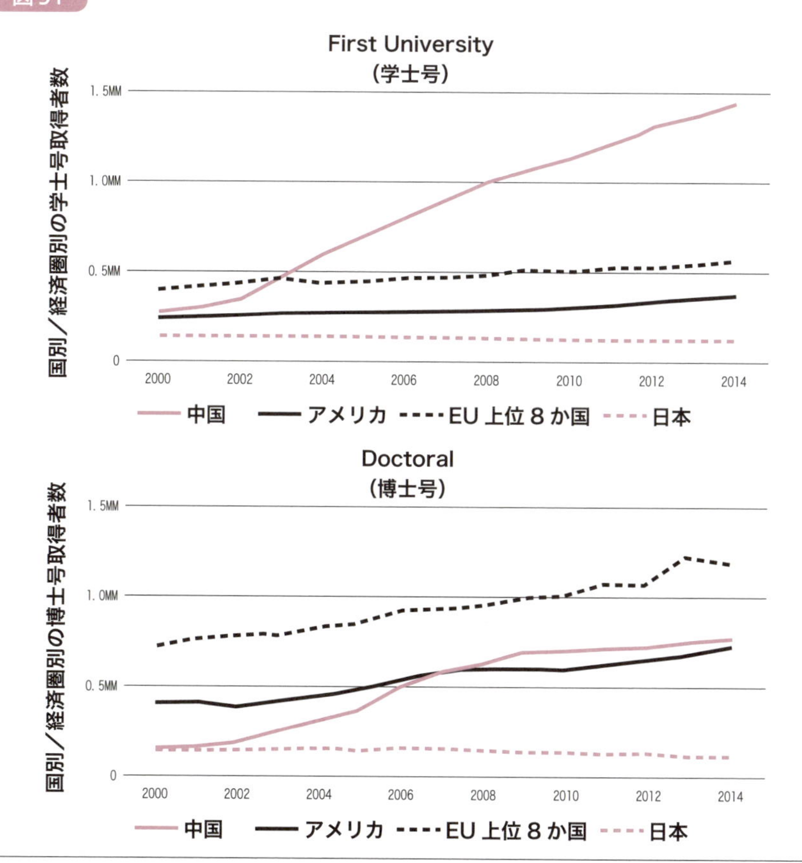

26) https://www.kleinerperkins.com/perspectives/internet-trends-report-2018/

図51は自然科学の学士号と博士号の取得者数の国別推移です。上側が学士号の取得者数、下側が博士号の取得者数です。

米国の自然科学とエンジニアリングの学位取得者数の増加に比べて、中国の数字が大きく伸びているのがわかります（米国の大学は、質ではまだ米国が勝っていると主張していますが）。

それはそれとして、問題なのは日本です。ここまでエンジニアや研究者の数に差がついてしまいますと、**この先、日本は日本人だけで競争に勝つのは、もはや難しくなってきた**ことがわかります。

POINT

- AI研究は、中国が米国を量でも質でも上回っている
- 中国は基礎研究レベルから国を挙げて取り組んでいる
- 日本は研究者数で諸外国に圧倒的な差がついてしまい、もはや単独で競争に勝つのは難しい

8-3

最先端のAI研究に触れるにはどうすれば良いですか？

学術雑誌の購読、学会への参加に加え、arXivというプレプリントサーバの活用をおすすめします。ただし情報の質には注意が必要です。

企業や大学などで行われているAIの研究の内容を知るには、どうすれば良いでしょうか？

現在世界最先端のAI研究者が研究成果を発表する場（情報の一次ソース）には大きく三つ有ります（ここでは、グーグルやマイクロソフトなどの企業が、それぞれに発表する場を除きます）。

- 学術雑誌
- 学会
- arXiv

品質が担保されている論文にアクセスする方法

従来、科学者・研究者の書く論文は、通常、学術雑誌に投稿されてきました。「ネイチャー」や「サイエンス」は総合学術雑誌として有名です。

雑誌の編集者は投稿論文を受理したら、専門家による査読（審査）に回します。査読の結果、掲載する価値があると判断されれば、めでたく学術論文に掲載され、同じ分野の研究者やその他不特定多数に読まれる事になります。

ただし、最近の流れとして、AI研究の場合、後述するような学会やオープンな論文公開システムの利用が主流になってきています。

●大きな流れを知りたい場合

学会に参加することで、多様な研究に触れ幅広い知識の獲得が可能です。

AI関係の権威のある学会は、例としてあげると次のようなところです。

- NeurIPS（機械学習）　https://nips.cc/
- AAAI（AI全般）　https://www.aaai.org/
- ICML（機械学習）　https://icml.cc/
- NIPS（機械学習）　https://nips.cc/
- IJCAI（AI全般）　https://www.ijcai.org/

ちなみに、NeurIPS 2018の参加チケット約8,500枚は約11分で売り切れるという人気アーティストのコンサートに匹敵する人気ぶりでした。

査読を通った論文は、「信頼できる」「質が高い」という評価を勝ち取り、それが研究者の研究意欲を高めるのですが、専門家の確認があるため、どうしても公開までに時間がかかってしまいます。論文の「信頼度」と「スピード」はトレードオフの関係になっているといえます。

特に昨今、AI関係の論文は提出数が増え続けた結果、査読が間に合わず、査読体制が崩壊しているケースが散見されます。オープンサイエンスの流れから近年のAI研究はスピード勝負になっています。そのため従来のような査読を待つような従来の形では対応が追いつかず新しいサイエンスの形が生まれています。

最先端の論文にアクセスする方法

AI研究で、最先端の論文が最速で集まるのがarXiv（アーカイヴ）です。

arXivは、1991年に登場しプレプリントサーバ（原稿が完成した時点で査読を待たずに一足早く公開する際に使用されるサーバ）の先駆けです。

現在はコーネル大学図書館が運営しています。モデレータの判断で、相当に問題があるとされる論文は排除されますが、多くの最先端の論文が集まっています。

図52の上側のグラフでは、縦軸で論文の掲載数を、横軸で年次をそれぞれ示しています。全体に投稿数が急拡大していることがわかります。

一方、図52の下側のグラフでは、縦軸で投稿分野の比率を示しています。コンピュータサイエンスと数学分野の比率が増加していることを見ることができます。

さきほどまでの理屈に当てはめると、査読を待たずに公開できるということはその価値を審査してくれる人がいないということです。そのためarXivに上がっている論文は玉石混合という面もあります。

本来なら学会に通らないようなレベルのものもあれば、余裕で通過するようなものもあります。多くの研究者がイニシアチブを取ろうと真っ先に発表する場になっています。

図52

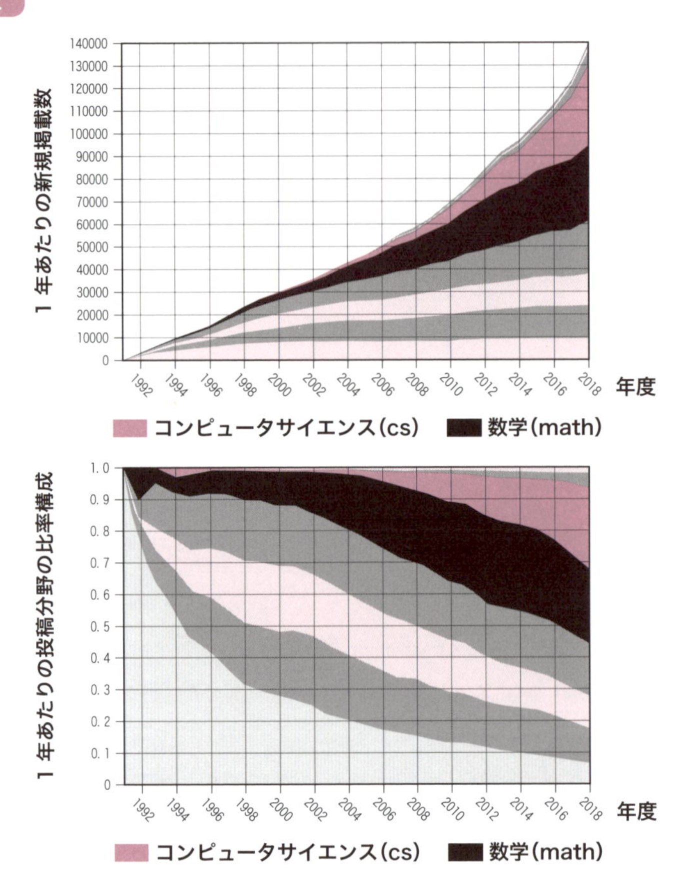

昨今のAI研究者は成果が出たらまずいったんarXivにアップし、その後に他の研究者からの意見を募って、また修正版をあげ、最終版を完成させ、成果として残すために学会に提出するといったサイクルを繰り返す例が増えています。

arXivにある論文は査読前なので情報の信頼性は本来低いのですが、SNSでの拡散や作者の業績、同時にコードの公開などを行うことにより、様々な人の目に留まっています。ときにarXivの段階でも、圧倒的な性能などからメディアに取り上げられる例も珍しくありません。

arXivは何よりもイノベーションの最前線を走っている存在となっています。

arXivのメリットをまとめると、次のようになります[27)]。

- 公開までが早い
  数か月〜1年かかる査読を待たずに公開できる
- 優位性を示せる
  他の研究者が似たような研究を行っている場合、arXivに掲載した記録で、誰の研究成果かが決まる風潮にある（たとえ査読の都合で、その学会論文の掲載が遅くなってもarXivが優先される）
- オープンアクセス
  学会誌などを購読しなくても、ネット上で自由に読むことができる

arXivのここが凄い

arXivのすごさを物語っているのが、引用の高速化です。

有名な話があります。物体検出と呼ばれる（画像内に写っている例えば犬の領域を矩形で抽出する）タスクで、2015年4月に当時最先端だった手法「R-CNN」の作者が「Fast R-CNN」という手法を発表しました。すると直後の2015年6月に「Faster R-CNN」という改良アルゴリズムが別の人によって発表され、当時のベンチマーク記録を塗り替えました。

このようにある手法が出てから、たった数ヶ月で最先端の記録が塗り変わり、学会で発表するときには既に古い手法になってしまっているという事態が日々起きています。

「Fast-RCN」の作者が同論文を学会で発表した際に、「……という風に今まで発表してきたけど、もっといい手法が既に出てしまっています」といったという逸話もあります。

27) https://www.quora.com/What-are-some-pros-and-cons-of-publishing-a-paper-on-arXiv

さらに近年もっと顕著なのは、図53のように、公開した次の日には引用されているというケースです。

図53

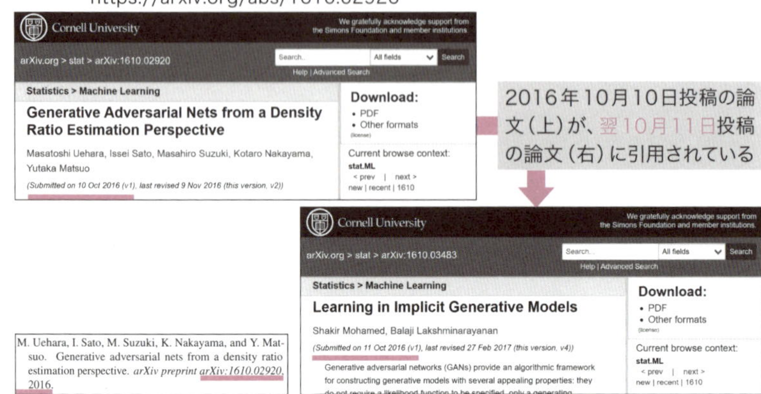

POINT

- AI研究の発表の場は、学会誌・学会・arXivがメジャー
- オープンサイエンスによるスピードへの圧力により、査読を待たずに公開するケースが増えた
- ただし、良いものだけでなく質の悪い論文も含まれている

8-4

AI研究の成果はどのように評価されているのですか？

査読により正確性や先進性を第三者に認めてもらう形で評価されますが、論文数に比べて査読者数が足りておらず、実害が生じています。

ここでは、AIの近未来がどうなるかを予見するために、世界のAI研究者が抱える悩みについてみていきます。

AIの価値は誰が決める?

研究者が論文を書くのは、とても大事な仕事の一つです。論文を書くということは、ただ書けば良いのではなく、“査読”を通す、すなわち正確性や先進性が第三者によって認められることが必要です。

この査読作業は、当然のことながら、最先端の研究に精通した人が行うのですが、その査読者が、とんでもなく足りないという状況が起きています。というのも、AI分野は、若手研究者の増加によって、論文数がものすごい勢いで増加しているからです。

arXivにアップロードされる機械学習系の論文は2018年末で1か月あたり約3,000本（1日あたり100本）と2年ごとに2倍以上のペースで増え続けています。

図54

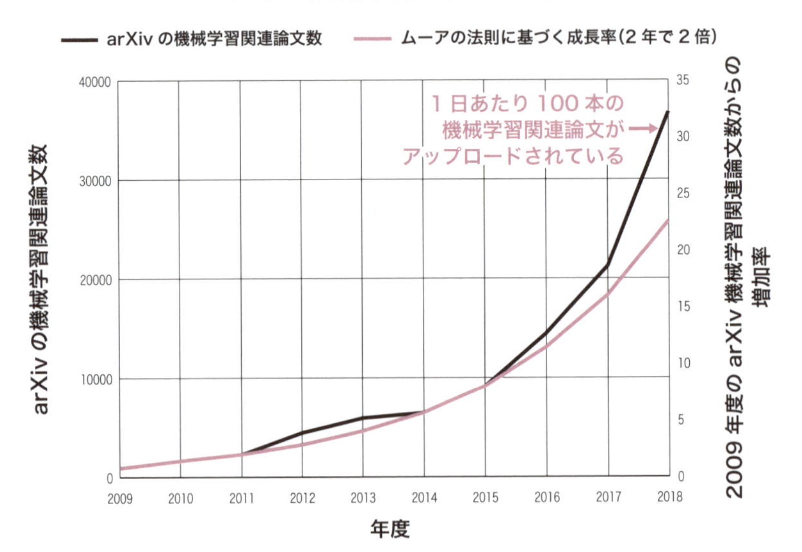

他の優れた学会でも、投稿数や採択数で同様のことが起きています。

AAAIという超一流国際学会への論文のエントリーは、ついに7,000を超えました。一つの論文につきレビュワーが3〜5人ほど割り当てられ、その総合評価で査読を通るかが決まります。

査読者が絶対的に足りないため、査読者の不適合も生じ、研究成果が滞留してしまうことが往々にして起きています。査読ガチャと揶揄されるほど、どのような査読者にあたるかは運次第のところがあり、運が悪いと、的外れなコメントと共に論文が差し戻されてきてしまうことがあります。

氾濫する価値

現在のAI研究プラットフォームでは、あちらこちらに“情報が氾濫”しています。それは、ある意味、従来からの査読というシステムの限界からきています。

査読が間に合わない。査読をする人の品質が十分ではないとなれば、従来のやり方がうまくいかないことは目に見えています。

そのため、今注目されているのは、査読を待たずに「みんなで読む」ことです。ネット上に論文を公開し、それを世界の研究者が議論します。

Twitterが、そのプラットフォームとして利用されていて、arXivの論文を、多くの研究者がタイムラインに流して共有し，良し悪しについて議論しています。

今後のAIを巡る学会は、最初はarXiv的なプレプリント（学術誌に論文として掲載されることを目的に書かれた原稿を、完成段階で査読の前にインターネット上のサーバにアップした論文のこと）になり、ネット上での議論と推薦を経て査読の代わりとするというような仕組みに切り替わるかもしれません。これであれば、価値の高い論文が、査読を待ち続けるよりも、早期に適切に評価されるようになると考えられます。

しかしこのやり方もうまく行くとは限りません。ネット上で論文を議論する有志の人たちは、全ての分野に均等にたくさんいるわけではありません。

理論的でハイレベルな数学の知識が求められる論文は理解できる人も限られてしまいます。また、若い研究者が集まるディープラーニング系には多く人が集まるものの、他の分野ではなかなか人が集まらないという差が生まれやすくなってしまします。参入障壁が低い分野だけが生き残るわけです。難しくても価値のあるものを正しく評価できるシステムでなければ純粋な科学の進歩が止まってしまいます。

余談ですが、「キュレーション（情報収集）や査読を行うAI」をジョークで提案した人がいます。論文が査読に通るかどうかを当てるAIです。「論文にきれな図があるか？」「体裁の良い数式が含まれているか？」などを形式的にチェックして判定するAIなのですが、実験の結果、高い精度で当てることに成功してしまったそうです。

POINT

- AI研究への参加者が増えた結果、論文の価値を判断できる人の割合がとても少なくなった
- それに伴いarxivなど公開される論文数が大量になり、今度はどれが重要なのかがわからなくなっている
- 結果として、AI研究者のモチベーションに影響がでている

8-5

AI研究のいまの課題はなんですか？

AIブームによって
成果を急ぐあまり、
基礎研究がおろそかに
なったり、研究者の他者依存が
生まれたりしており、
学会も是正を促しています。

理論研究よりも改良研究?

8-4節で説明したとおり、AI研究は、研究者にとって難しい時代になりつつあります。それは、若手研究者の増加と、それに伴い論文が認められるのが難しくなっているからです。経験を積んだAI研究者が、斬新な新しいアイデアを提案しても、若い査読者がそれを理解できないと審査を通りません。

査読者はたくさんの論文を短時間でさばく必要があるため、ちょっと読んだだけでは分からない論文は、得てして価値がないと判断されてしまいます。

ディープラーニングの手法に関する論文は、多くが既存の手法の組合せで行われており、比較的理解がしやすくなっています。

しかしながら、ディープラーニングでも、その理論的な研究は、求められる数学的バックグラウンドが多岐に渡ります。そのため必然的に査読ができる人の数は限られてしまいます。

このような状況は、“抜本的な”アイデアが生まれにくい環境を作り出しています。AI研究は、まだまだ発展途上です。精度の向上を目指す研究も大事ですが、抜本的な考え方の変革の方が長期的に見て重要であることは間違いありません。

研究は大手IT会社依存に

先出のHinton先生は、2017年に「Capsule」という全く新しい学習レイヤーを発表しました。その手法は従来のディープラーニングのレイヤーとはまた一味違った画期的なものでした。

しかしその手法は、翌年2018年になっても、大きく話題にならず、それに関連する論文も数本しか出てきませんでした。その原因は、大きく二つあります。

一つは、論文の難易度が極めて高く、なかなか理解されなかったということ。もう一つは、実験に用いる環境が手に入らなかったことです。ライブラリと呼ばれる利用者が容易に利用できるものがパッケージとして配布されなかったことによるものです。

プログラミングが得意な研究者ですら、このような最新の技術が提案されたとしても、誰か他の人が実装してくれるのを待つことが多くなり、さらには簡単に読み込めるようなライブラリが開発されないと使わないという甘えの現象が生じています。

確かに、いわゆる改良研究のようなわかりやすい分野では、誰かが比較的早期に研究環境を作り公開してくれます。そのことが逆に研究者に受け身のマインドセットを植えつけてしまった可能性があります。

ちなみに、それらのライブラリを多く開発しているのは、グーグルなどのIT企業です。最先端の研究機関や大学でさえ、これら企業におんぶに抱っこ状態になりつつあります。

現在の状況に警鐘を鳴らす学会

これらの現状に学会は警鐘を鳴らしています。

学会では、その学会中で採択された論文の中で優れた論文を表すベストペーパーという賞を用意しています。

NeurIPS 2018（世界で最も権威のあるAIの学会）ではベストペーパー4件中全てが「理論系の論文」になりました。それらの論文はかなり高度なもので、敢えて意図的に選んだのではないかと言われています。

なお、AI研究者の大量参入により、特にディープラーニング分野で既存手法の組み合わせによる容易に思いつきそうなアイデアは、おおむね達成されたように感じます。

エヌビディアのMLリサーチ担当ディレクターAnima Anandkumar氏も、「手の届きやすい場所にあるディープラーニングの果実は、ほぼ摘み取られました」といいます[28]。

これからのAI研究は、改めてより複雑で根本的な問題解決の研究が行われる必要があります。世界中から優秀な研究者が集まってきていますので希望がありますが、取り巻く環境は、厳しいものがあります。

---

28) https://webbigdata.jp/ai/post-2505
https://www.kdnuggets.com/2018/12/predictions-data-science-analytics-2019.html
https://www.kdnuggets.com/2018/12/predictions-machine-learning-ai-2019.html

第9章

AIを使いこなすには?

9-1

AIプロジェクトに取り組むときの注意事項を教えてください

注意事項は
いくつかありますが、
AIプロジェクトそのものを
料理にたとえると
分かりやすくなります。

AIはデータサイエンスの道具

AIはデータを処理するものです。人が指示し、人が期待する応えに沿うように学習し、動作し始めます。AIをこの先上手く使いこなすには、どうすれば良いでしょうか？

その一翼を担うのがデータサイエンティストです。ここでは、データサイエンティストの役割を考えてみます。

データサイエンティストが行っている仕事はデータサイエンスです。

データサイエンスとは、Wikipediaによれば「データを用いて新たな科学的および社会に有益な知見を引き出そうとするアプローチのこと」とあります。

そう、データサイエンスの目的は、「データから新しい価値を生む」ことにあります。AIにも入出力の関係があるように、データサイエンスと入出力を考えてみると、

- 入力＝データ
- 出力＝業務の効率化や収益化などに有効な新しい価値

といったところでしょうか。AIは、まさに、このデータサイエンスのための道具ということです。

AIは料理だ

AIを使いこなすにはどうすれば良いかを考えるにあたり、料理に例えると非常に見通しが良くなります。次の表をご覧ください。

料理人	**AIで用いて何かを作る人が「データサイエンティスト」、もしくは「AIエンジニア」と呼ばれる人たちです。**
食材	**料理人にとっての材料に相当する部分が、AIではデータになります。**
調理道具	**コンピュータなどの計算機とプログラミング言語が調理道具に相当します。**

レシピ	材料から何をどのように作るかというレシピに相当する部分が「AIアルゴリズム」になります。
料理	そして最終的に出来上がった料理に相当するのが「学習済みのAI」になります
客	出来上がったAIは、誰にどのように提供されるのかは、極めて重要です。

この例えを使うと、AIをめぐるプロジェクトにおいてありがちなトラブルを、分かりやすく表現することができます。

●食材が傷んでいて料理にならない

→必要なデータが欠けていたり、きれいに整っていなかったり、古すぎたりすると、望んだものができない

→データが揃っていないとAIの学習が正しく行われず、AIが出す答えの信頼性が足りない、精度が低いという問題が起こる

●料理を作る上で必要な食材がない

→必要十分な学習データがなければ、欲しい結果は得られない

→例えば、弁当の販売数を予測する場合、既知の販売数データだけでは不十分で、販売地周辺の気象情報やイベント開催情報などの付加情報を与えなければ、高い精度は得られない

●適切なレシピを選ばないと期待する味は出せない

→学習アルゴリズムの選択を間違えると、いつまでも学習効率が上がらない

→AIの学習アルゴリズム（方法論）は多種多様で、どのアルゴリズムにも得意・不得意がある（料理で圧力鍋を使うのが良いのか、もしくはオーブンで調理するのが良いのか、どのくらいの量の香辛料を使えば良いのかと同じ）

●食べたい料理がはっきりしないのに、食材だけ渡されても困る

→データはあるので、AIで何かしてと言われても、AIエンジニア（料理人）は困ってしまう

→AIは明確な目的があってこそ、活躍できるもの。AIが人に忖度して「何となくこういう答えが欲しいのでは？」と提案してくれるまでには進化していない

→例えば、豚肉とジャガイモがあったとして、カレーが食べたいのか、肉じゃがが食べたいのかを指示するのは人間の役目

●良い料理人は、同じ調理器具や材料を使っても、出せるアウトプットの質が違う

→良いデータサイエンティストは、手持ちのレシピ数が多いため、未知の状況に置かれたときの対処、学習の正確性、対処のスピードなどで優位性がある

→AIの調理方法や味付けには多様な方法論があり、画像認識ならこれ、意味解析ならこれと、方法が一つに限定されることはない。幅広いそして新しい知識を知っていること、それらを実際に使ってみていることなどが求められる

次の9-2節では、こうしたトラブルへの対処法について詳しくみていきます。

POINT

・AIをめぐる環境は料理に例えるとわかりやすくなる

料理人 → データサイエンティスト
食材 → データ
調理器具 → 計算インフラ
料理 → 学習済みのAI

9-2

AIプロジェクトで差をつけやすいポイントを教えてください

腕の良い
データサイエンティスト
（料理人）と、
良質なデータ（幻の食材）が
鍵になりますが、
どちらも見つけるのは
大変です。

AIを使うときに差がつくポイント

9-1節では、AIを料理に例えました。料理人（データサイエンティスト）、食材（データ）、調理道具（計算環境）、レシピ（アルゴリズム）、客（ユーザー）の全てが揃って、AIを効果的に利用することができます。

実は、AIの世界では、これらの項目の中でも、差をつけられる部分と、つけられない部分があります。今後AIをビジネス応用したい人は、料理の中でもどこに注力すべきでしょうか？

一つずつ見ていきましょう。

●レシピ（AIアルゴリズム）で差がつく

現在のAIの中核アルゴリズムの多くは、オープンソース開発と呼ばれる「論文やプログラムコードを誰でも無償で利用できるといった環境」にあります。この点は、かなり特殊な産業といえるでしょう。

実際に、世界最新のAIアルゴリズムを、インターネットから無償でダウンロードして動かすことができます。その選択肢は無限ともいえるほどに充実していますので、よほどの大企業でもない限り、中核のアルゴリズムを自ら研究開発することは現実的ではありません。AIアルゴリズム自体で差別化をする難しさがここにはあります。

●調理器具（計算環境）で差がつく

AIの活用では、大量のデータを収集し、それをAIの中で学習させるため、大きな計算リソースが必要になります。

特にディープラーニングというAI手法では、それが顕著です。そのため、高性能な調理器具を持っていないと差別化はできないということになりますが、実は昨今、これら計算リソースは、比較的気軽に使える状態になっています。

高度な計算基盤は、クラウド（自社内ではなくインターネットを通じて相手先の計算リソースを使う方式）で提供されているためです。アマゾン、グーグル、マイクロソフトなどのサービスを使えば、調理器具を自前で揃えなくても、充実した環境をすぐに使うことができます。これも先ほどと同様で、裏を返せば差がつけられない状況といえます。

ちなみに、世界トップ企業間のAI研究競争に限っては、戦況を大きく左右することもあります。グーグルなどのトップ企業は、通常のコンピュータ環境では何十年もかかる計算を自社の巨大な計算リソースを使って数時間で終わらせるなんてこともザラです。しかしこれは特殊な例といえるでしょう。

コモディティ化を避けるための差別化ポイント

●料理人（データサイエンティスト）で差をつけよう

料理人であるデータサイエンティスト（もしくはエンジニア）は、実際にソースコードを書いてAIを作ります。

彼らに求められる資質は、どのようなものでしょうか？

先ほどレシピ（アルゴリズム）で説明したように、AIの中核アルゴリズムは、日々進化しています。また最先端の学会では、常にそれらに関する研究状況が議論されています。

そんな時代で良い料理人に求められる能力は、最新の論文が理解できる**語学力**、数学などの**背景知識**、**プログラミング能力**、それと最も大事なのが常に**時代の最先端をモニタリングし続ける能力**です。

また良い料理人は**コンサルティング能力**にも長けています。データがあるから何かしたいという企業に対し、何ができて、何ができないという提案ができます。

良い料理人には、材料を与えられたときに、至高の一皿を作れる技術に加え、複数の料理を作れる引き出しの多さも重要です。AIの手法（レシピ）は日進月歩で進化しており、桁違いに性能が上がっている（美味しくなっている）ことが、よくあるからです。

このレベルのAIエンジニアは、実際のところ人数は少なく、多くの企業では社内に抱えていることは稀なようです。そのためか、得てしてAIが不得手な作業をAI化することにチャレンジしているケースが少なくありません。

優秀なAI研究者の青田刈りが激しさを増しているのは、それが理由です。ニュースで話題になっているとおり、大学新卒でも初任給が1000万円を超えるケースもあります。

あるデータサイエンティストの話です。その人は、自分で数年かけて改良し続けたアルゴリズムを持っていました。それがその人の誇りでもありました。ところが、入社一年目の新人が、「その用途であれば」と、海外から発表されたばかりのプログラムコードを持ってきて、数日でシステムを完成させ、圧倒的に高い精度を達成してしまったそうです。これは特殊な例ではありません。

AIに関係するエンジニアは経歴があてにならない職種です。特定の手法だけに習熟した**熟練エンジニアと呼ばれることは、この世界では大きなリスク**になる可能性があります。

これは余り公開したくない話ですが、良いAIエンジニアか、もしくはそうでないかは、この1か月で読んだ面白い論文や技術書を聞いてみると、かなり容易に区別できます。

もう一つ付け加えますと、AIエンジニアは非常にセンシティブな人たちです。自分一人の力で生きていけるので、価値が見いだせない作業や報酬が十分でないとすぐに転職してしまうこともあります。優秀なAIエンジニアの獲得と確保の競争の厳しさがおわかりいただけると思います。

●他では手に入らない幻の食材（データ）で差をつけよう

AIを賢くするためには、料理人以外にもっと大事なものがあります。それは食材に相当するデータです。AIを賢くさせるための大量で**良質なデータは、オープンソース文化の中にあるAI技術とは違い、誰にでも簡単に手に入るものではありません。**

AIを使って価値を生み出す一番大事なものは、アルゴリズムではなくデータ（食材）と思って良いでしょう。

GAFA（グーグル、フェイスブック、アマゾン、アップル）などの会社はユーザーに関する情報を山のように所有しています。他にもソーシャルゲームなどを運営している会社はユーザーの行動ログを持っています。それらの会社は他社では入手が困難なデータを武器に自社のサービスを強めているのです。

IoTデバイスの普及により、今後交通機関、電子マネー、家電、農場からといった、従来のようにWEB上で完結されていない世界から収集されるデータは宝の山です。

データというのはその独自性が如実に表れます。なぜならAIアルゴリズムなどは公開されてコモディティ化しても、データは収集するプロセスにオリジナリティがあり、真似しようにもできないケースがほとんどだからです。

●客（ユーザー）で差をつけよう

最終的には、実際にAIサービスを導入して、どれだけの価値が新しく生まれるかに尽きるのはいうまでもありません。

たくさんの顧客を抱えている**インターネット広告の企業**では、AIを用いて生む価値が格段に違ってきます。広告のマッチ率がほんの数パーセント上がるだけで、利益が増加します。他にも業務効率化などのコスト削減も同様に利益に直結します。

AIは技術論が先行していますが、たいした技術を使わなくても、生み出すインパクトが大きければ成功ということです。

図55

差がつく	差がつきにくい
・エンジニア ・データ ・ユーザー	・計算リソース ・中核のAIアルゴリズム

第10章

AI投資を成功させるには?

10-1

どんな領域のAIに投資すれば良いですか？

AIが実用化しているのは
識別、予測、実行の3領域です。
専門人材の活用で
この領域の応用研究を
進めるのがお薦めです。

三つの機能領域（識別・予測・実行）を押さえる

2000年頃から始まった第3次AIブームは、現在もなお続いており、企業の研究開発投資は拡大の一途です。

主な要因として、「機械学習」の技術が確立しAIの学習効率が高まったこと、さらには「ディープラーニング」がデータの特徴抽出を自動化できるようになったことが挙げられます。

これまでに説明してきたように、AI内部のブラックボックス化は進んでいますが、それでも従来の技術では困難だった出力が可能になったことは、AIの可能性を大幅に広げました。

さて、それでは企業がAIに投資する場合、どのようなタイミングで、どのような領域に投資すべきか考えてみましょう。

AIが活躍する分野（機能領域といいます）は、主に三つに分類できます。

●識別領域（人と同等の目や耳を持ち、人を支援する）

- 音声認識
- 画像認識
- 言語解析　など

●予測領域（過去のデータから学び、未来を予測する）

- 需要予測
- 障害予測
- 行動予測　など

●実行領域（輸送・製造・品質管理など、ホワイトカラー業務を支援）

- 業務最適化
- 作業自動化　など

これら三つの機能領域は、そのいずれもAI技術は実用化レベルにあります。

もう少し正確にいえば、中核技術は、かなりの部分がコモディティ化しています。

基礎研究ではなく応用研究で戦う

もう少し掘り下げてみましょう。AIの研究には、基礎研究と応用研究があります。

基礎研究は、AIの仕組みそのもの、学習の効率性や精度の向上の方法、アノテーションの自動化（学習させるための事前準備の省力化）などを指します。

ここは、世界各国（特に米国と中国）の大手IT企業と大学等の研究機関がしのぎを削っている分野です（8-2節参照）。

膨大な研究投資が必要な領域のため、グーグル、マイクロソフト、IBM、アマゾン、エヌビディア、フェイスブックのような会社が提供するサービスを利用するのが一般的です。また、業務パッケージのSAPやセールスフォース・ドットコムもAIを活用できるサービスを提供しています。

参考までに、国連 世界知的所有権機関（WIPO）の2019年1月の報告書によれば、AI技術の特許出願数上位10社は、次のとおりです（順位順）。

1. IBM
2. マイクロソフト
3. 東芝
4. サムスン電子
5. NEC
6. 富士通
7. 日立製作所
8. パナソニック
9. キヤノン
10. アルファベット（グーグル）

応用研究はというと、これがまさに**AI導入企業にとって競争力の源泉となる部分**です。

先ほどの三つの機能領域と自社で求められるニーズを照らし合わせ、(1) どの中核技術を選択し、(2) どのように学習させて、(3) どのような出力をさせるかを研究し開発することが、それにあたります。

(1) は、AIの精度に直接関係しますし、費用対効果で大きく差が出るところです。

(2) は、価値あるデータの見極め、データの取得蓄積方法、アノテーションの方法やコストを検討するところから始まります。

(3) には、次の10-2節で説明する倫理面や法整備の問題についての検討が含まれます。その実用化の可否にも関わる部分です。

これらの応用研究は、データアナリスト、データサイエンティスト、AIエンジニア、ITエンジニアの総合力を結集することで成功率を高めることができます[29]。

POINT

- AIが活躍できる分野(機能領域)は、識別、予測、実行の三つ
- AIの研究は、基礎研究と応用研究に分類できる
- 基礎研究は大手の専門企業に任せ、AIを導入する企業は応用研究(各企業の競争力の源泉部分)に投資を
- 応用研究は専門人材(データアナリスト、データサイエンティスト、AIエンジニア)の活用が鍵を握る

29) 総務省『平成28年版情報通信白書』

10-2

AIビジネスに チャレンジする際の注意事項を 教えてください

予算が限られているならば、
AIの性能が低くても
一定の売上を確保できる
ビジネスモデルを
考えるべきでしょう。

AIをビジネスに適用させる場合に、不向きな領域があることに注意が必要です。

これまで説明してきたように、AIをビジネスに適用させる際に、以下の項目は比較的丁寧に検討されることが多いです。

- その業務にAI機能が必要か、従来からのルールベースで対応できないか？
- 意味のある学習データは十分に揃うか？
- 学習に必要な時間と計算リソースは用意できるか？

これらの項目は必要条件ではありますが、十分条件ではありません。ビジネスモデル自体が、AIの特性にフィットしているかの確認をすることは重要です。AIは必ず間違いを起こします。AIをビジネスに適用させる場合に、AIは必ず間違えるという前提で導入を検討しているかということです。

ここで一つの簡単なモデルを考えてみます。AIをビジネスに適応させる場合に、AIを主体的に用いるのか、もしくは補助的に用いるかについてです。そのAIの精度を横軸にして、縦軸はそのビジネスの売上とします。

図56

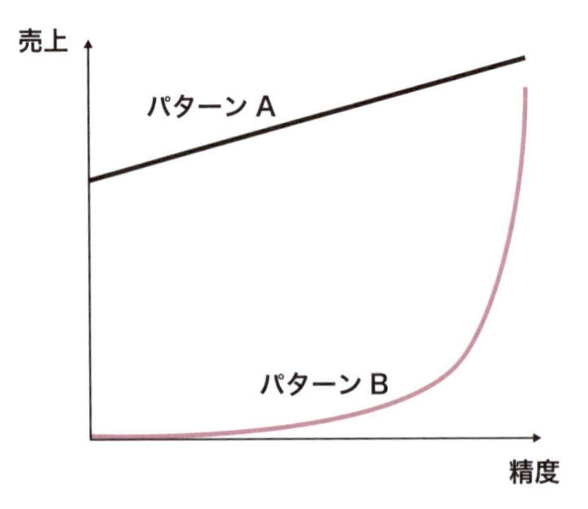

パターンAには、以下の特徴があります。

・AIがなくても、もしくはAIの精度がゼロでも売上が確保できている
・精度が向上するに連れて、売上も伸びていくビジネスモデル

ネットビジネスの商品レコメンドや広告推薦などは、このパターンAに相当します。AI導入時に、学習が十分でなく、おすすめの商品の精度が多少低くても、利用者は自ら希望する商品を検索して購入することができるため、一定の売上は確保できます。

その上で、おすすめの商品の予測精度が高くなれば、その商品も併せて購入する確率が上がるため、売上の向上につながります。

一方、パターンBには以下の特徴があります。

・AIにビジネスそのものが依存している
・AIの精度が一定のレベルに到達するまでは、売上が立ちにくい

創薬や自動車の自動運転AIなどは、このパターンBに相当します。精度が低いうちは、利用自体が進まない、もしくは危険な場合さえあります。精度が一定の閾値を超えたところから、急速に利用が進み売上に貢献します。

AIを使った新規事業はパターンBを選ぶケースが多い

AIで新規事業を行いたいとする多くの企業は、パターンBのビジネスを指向しています。実際のところ夢があるのはパターンBです。

ところが、このパターンBは、最初に大きな研究投資が必要で、AIが必要十分な精度を確保できるまで、事業の収益化が難しいことに注意が必要です。またその精度によって法的な問題が発生することが多くのケースでみられます。

AIが必要とする倫理と法整備

現在の自動運転AIは、高速道路や自動車専用道路であれば、ほぼ完全に自動で運転できるレベルに到達しています。自動運転の世界における5段階基準でいうところのレベル4「特定の場所でシステムが全てを操作」は実現しています。

しかしながら、どの自動車メーカーも、レベル2「システムがステアリング操作、加減速のどちらもサポート」に意図的にダウングレードして商品化しています。

一部のメーカーは、技術力のアピールのためにレベル3「特定の場所でシステムが全てを操作、緊急時はドライバーが操作」機能を車に搭載していますが、それでもレベル2「AIはあくまでも人の補助を行うもので、代わるものではありません」として販売しているようです。

独ダイムラーとボッシュは、2019年9月12日にレベル4「特定の場所でシステムが全てを操作」の認可を行政から取得しています。この適用範囲は、バレットパーキング（レストラン等の駐車場）限定です。

これらの要因は大きく二つあります。

一つは、安全性能が100%ではないことです。カリフォルニアで実際に起きた事故の例です。自動運転車は、道路上の白線を認識しています。ある日、工事のために車線が臨時に変更されました。ただ道路上の白線は、修正されずそのままだったため、車が間違ったところに突っ込んでしまいました。当時の自動運転AIが、白線が間違っている例を多く学習していなかったことが原因といわれています。

このように、車が走る道路は、例外だらけです。どのような環境や条件でも間違いなく安全に走れるまでは、レベル2としてしか販売ができない訳です。

もう一つは、有名なトロッコ問題です。

「ある人を助けるために他の人を犠牲にするのは許されるか？」という問題で、線路を走っていたトロッコのブレーキが壊れたとします。この先の線路は二股に分かれていて、その線路上のどちらにも人がいます。いずれかにぶつかってしまう場合に、どちらの線路を選択すべきでしょうか？

これは倫理学の思考実験です。右の線路には5人、左には3人いるとした場合に、被害を少なくするために左を選択するが正解でしょうか。もし左は全て小さな子供だったら同じ考えになるでしょうか。もちろん、これらの問いに正解はありません。世界中で研究されていますが、国によっても答えに微妙な違いがでるという難しい問題です。

自動運転AIは、まさにこのトロッコ問題に直面するわけです。AI研究者の視点では、「**自動運転AIは、自動車からみて安全性能を100%に近づけることができるが、事故率をゼロにすることはできない**」になります。

この問題は、AI研究者や自動車メーカーだけでは解決できないものです。倫理面でAIを利用する人だけでなく、利用しない人との間でも共通の理解が必要です。関連する法整備も求められます。

このような問題は、自動運転だけに限らず、医療や災害対応用のAIにおいて、トリアージのような命の優先順位を決める場合にも同様に発生します。

AIの性能向上と売上増の関係は一律にはならない

AIの性能が向上しても、それに比例して売上や利益が増えるとは限りません。売上は、当然のことながら、その成長余地に依存します。

それ以外にもAIならではの現象もあります。宿泊予約サイトのBooking.comは、論文を発表しています[30)]。ここには、AIのモデルが彼らのビジネスにどのような影響を及ぼしているかの研究結果が論じられています。

この論文の中に、AIの性能が向上した際に、ユーザーが感じる「不気味の谷（uncanny valley）」が書かれています。不気味の谷とは、AIの性能が上がれば上がるほど、AIが伝えてくる提案に不気味さを感じるという現象です。「AIが自分のことを知り過ぎている。」もしくは「AIに踊らされている」と感じてしまうことで、素直にサービスを受け入れられなくなってしまうという現象です。これらも、AIの性能向上の際には考慮すべき問題です。

30) “150 Successful Machine Learning Models: 6 Lessons Learned at Booking.com”
http://delivery.acm.org/10.1145/3340000/3330744/p1743-bernardi.pdf

第11章

近未来のAIはどうなるか？

近未来に実現するだろうAIビジネスにおける変化

AIをビジネスで用いるにあたり、近未来（およそ5年後）にAIがどうなっているかを考えることは、投資効率を高めるために重要です。

これまで見てきたように、世界中には優れた若手のAI研究者が大勢いて、厳しい競争を続けています（日本はAI研究者の不足が問題になっていますが）。

AIビジネスの世界では、コア技術も応用技術も、日々革新が続いており、この業界での5年後は、遥か彼方です。予想するのは正直容易ではありません。とはいえ、本書では勇気をふり絞って、予想にチャレンジしてみます。

近年のAIの発展スピードを鑑みると、「**いまAIができていることは完璧に近づき、未だできていない部分は萌芽し始める**」のは間違いないといえるところです。

より具体的には、次の5点が実現すると考えられます。

1. AIの精度が各段に向上する
2. AIを作成するプロセスが大幅に簡略化（自動化）される
3. AI内部の解釈性があがる
4. Society 5.0の実現によりAIを利用できる環境が整備され広がる
5. ファジーな概念を扱うAIが実用化する

現在AIの研究者の多くは、この1.から3.までの改良研究に取り組んでいます。

特に2.のAIを作成する手間という点では、グーグルのAutoMLやマイクロソフトのCognitive Servicesなど、多くのIT企業が、高度なプログラミングの能力を必要とせず、誰でも数クリックで自動的に機械学習モデルを作成できるようにするサービスの提供を競っています。

3.のAI内部の解釈性は、AIを信頼するために利用者側から強く求められているところです。

"Human-in-the-Loop Interpretability Prior[31)]" という論文があります(2018年ハーバードおよびグーグル)。

これは、AIの学習のループに人が直接介在する試みです。

この考え方は、従来から研究が行われているものですが、人が学習過程に入る場合、その学習コスト(手間)が大きくなり過ぎるという問題があります。

そのため、この分野の研究のポイントは、二つになります。

一つは、学習過程へ人間が関与。これにより、「人が直接教えるというより人に近い形での学習を可能にする」ことが目的です。

もう一つは、人の負担をできるだけ減らし現実的に可能なレベルにすることです。この論文では、できるだけ人からのフィードバックが少なくてすむように学習を効率化させる工夫を行なっています。いくつかモデルを用意して、それぞれへの人の反応時間をみるという提案で、その点については反論も少なくありません。

しかしながら、今のように正解データをたくさん用意して学習させるというやり方よりも、より対話的なインターフェースによる「人からAIへの知識の共有」が進み、より解釈性の高いモデルができると考えられています。

4.のSociety 5.0は、内閣府が制定した科学技術基本計画[32)]で提唱されている概念です。

> Society 5.0は、狩猟社会(Society 1.0)、農耕社会(Society 2.0)、工業社会(Society 3.0)、情報社会(Society 4.0)に続く、新たな社会を指すもので、第5期科学技術基本計画において我が国が目指すべき未来社会の姿

---

31) https://arxiv.org/abs/1805.11571

32) https://www8.cao.go.jp/cstp/society5_0/index.html

Society 5.0で実現する社会は、IoT（Internet of Things）で全ての人とモノがつながり、様々な知識や情報が共有され、今までにない新たな価値を生み出すことで、これらの課題や困難を克服します。また、人工知能（AI）により、必要な情報が必要なときに提供されるようになり、ロボットや自動走行車などの技術で、少子高齢化、地方の過疎化、貧富の格差などの課題が克服されます。社会の変革（イノベーション）を通じて、これまでの閉塞感を打破し、希望の持てる社会、世代を超えて互いに尊重し合あえる社会、一人一人が快適で活躍できる社会となります。

このSociety 5.0の実現によって、AIを利用するための様々なデジタルデータが、多様な業種において、クラウドに蓄積されることが期待されています。AIを利用できる対象が拡大することを意味し、逆にいえば、AIを上手く活用しないと競争優位に立てなくなるということでもあります。

5.のファジーな概念を扱うAIの実用化については、これからのAIの発展を大きく変えうる可能性を含んでいます。

現在のAIは、データを与え、人が定めた目的関数を最大化させるように学習を行なっています。

その学習の元となるのは、「正解率」といった指標で、これを最大化するのがAIの仕事です。AIに何かを教えるという観点では、この○×方式は、客観的で絶対的なため、とても効率的です。

しかしながら、人間は日々の判断を単純に正解か不正解かというようには考えていません。たいていの場合ファジー（曖昧）です。

なんとなく今日食べたいものを決め、なんとなくこの曲を聴きたいなと思うわけで、それぞれの判断に78.2点のように点数をつけて考えてはいないわけです。

AIが人に近づくためには、より具体的には7-1節で触れたAIが社会性を持つためには、このようなファジーな感覚を身に付ける必要があります。

例えば、音楽の自動作曲をAIにやらせようという試みは古くからあるものの、どんな指標を最大化するように学習させればいいのかは、試行錯誤が続いています。このファジーな感覚を取り込めるAIが成功していないため、未だに人の心を震わせるような曲は作れていない状況です。

3.のように、AIの学習過程に人が関与する方法が進化することで、AIに人のような感情表現が実現する日はそう遠くないと思われます。

ソニーコンピュータサイエンス研究所（Sony CSL）は、AIが作った曲をユーチューブで公開しています（2016年）。約13,000曲のリードシート（楽曲の旋律とコードと歌詞だけを抜き出した楽譜）をデータベースに登録して学習させ、AIが人の指示に基づいて作曲します。最終的な仕上げと作詞は人が行ったとのことです。

また、2019年9月には、NHKがAI技術によって、美空ひばりを現代によみがえらせる試みを行っています。AIは美空ひばりの過去の楽曲から歌声を学習し、秋元康氏がプロデュースする新曲に臨むというプロジェクトです。その開発過程では、学習済みのAIが新曲に対応することの難しさが浮かび上がりました。AIが過去の歌声から何を学習するかは、人が定める必要があるためで、美空ひばりらしさを出すために試行錯誤が続いたことが報告されています。

近未来には実現が難しいだろうこと

さて、ここまでは、近未来のAIが実現するだろうことを予想しました。では、実現しないことは何でしょうか？

大きな議論がおきるところでは、次の二つは、次の5年間程度では実現しないと思われます。

1. AGI（Artificial General Intelligence）汎用人工知能
2. AIの倫理観、人の命の重みづけ

1.のAGIは、本書で説明してきたとおりです。AGIは、現在のAI理論の延長にはありません。**AGIには、「未知を汎用的に推論して知識を得る自律性」**

が必要です。これは、特化型AIをいくつ組合せても構造的に実現しません。

なお、日本では、全脳アーキテクチャ・イニシアティブ（WBAI）というNPO（特定非営利活動法人）が、「脳全体のアーキテクチャに学ぶことにより人間のような知的能力を持つ汎用人工知能の実現を目指す研究開発活動」に取り組んでいます。

2.のAIの倫理観、人の命の重みづけは、自動車の自動運転でできたトロッコ問題等の解決に必要なものです。AIが命の重みを数値化することは今現在、技術的にはできています。ただ、その正当性は、倫理観の問題が解決するまでは、実用に値しません。

AI倫理は、様々な世界の研究機関によって議論されています。そこで顕著なのは、世界各国の見解の違いです。個人が重視されるのか、それとも国全体の利益が優先されるのかなど、哲学思想や宗教観に関わる問題になるからです。

最終的にAIの倫理観は、世界共通のなんらかの模範的な指標に収束するのではなく、使う人のそれぞれの倫理観に沿うものを目指すことになると考えられます。AIが悪用されないように、そして兵器として使われる前に、世界レベルでの何らかの合意が求められますが、楽観的に考えられる問題ではありません。

おわりに

本書は、AIを導入したい、使いこなしたいという方のために、AIの仕組みを知っていただこうと思い執筆しました。

この本を読まれた方は、

- シンギュラリティ（技術的特異点：AIが人の知性を超え、人の生活に大きな変化が起きること）は、まだ何十年も先のこと
- AIは人が行う設計に依存し動作すること

を、おわかりいただいたと思います。

それでは、このようなAIとは、今後どのように付き合っていくのが良いでしょうか？

AIは、ご存知のように人工知能（artificial intelligence）の略です。これを拡張知能（augmented intelligence）として考えようという提案があります。

人工知能は、とかく「人と対峙するもの」というイメージが生まれてしまっています。そのイメージに対して拡張知能は、AIを「人の知識を拡張するもの」と再定義し、上手く活用することを目指します。augmentには、拡張や増加という意味があります。

ちなみに、コグニティブ・コンピューティング（cognitive computing）も拡張知能と同じように使われることが多いです。cognitiveは、認知や思考という意味で、cognitive computingは「人の持つ知識を最大限に生かす」ことを目指します。

なお、人工知能と拡張知能は、用途を分けて使う場合もあります。

●人工知能

- ビッグデータから特徴抽出をして人が解けないような複雑な問題に対応
- 製造業、金融、小売等の業種でプロセスの自動化に適している

●拡張知能

- 人の思考を助けること目的にビッグデータを解析
- 創造性や柔軟な対応が必要な領域で、人をサポートする
- 意思決定支援、コスト削減、生産性の効率化などに有効とされる

AI内部のコア技術（機械学習、ニューラルネットワーク、ディープラーニングなど）は、いずれにも共通して用います。

拡張知能は、契約書のドラフト作成が良い例として挙げられます。これまで人が一から作成していた契約書を、AIが用途に応じて先例を参照して自動生成します。最終工程で人が確認作業を行いますが、ドラフト時点で必要となる要件に漏れがなくなり、また矛盾点や曖昧な点も排除でき、生産性を大きく改善しています。

AIがこのように活躍できるようになったのは、AI内部の学習の仕組みやクラウド上の計算リソースが向上してきたからですが、その背景にはデータの電子化が進んできた実態があります。

日本のAI活用は、米国や中国に比べて遅れています。その原因は、中核技術への研究投資が遅れたためといわれていますが、それに加えて、米国と比べ、極端にAIに投入できるデジタルデータの環境が整っていなかった（データが揃っていなかった）という現実があります。

例えば、米国でのビッグデータには衛星画像があります。米国のオービタル・インサイト（Orbital Insight）という会社は、カリフォルニア州パロアルトに本拠を置くベンチャーで、衛星、ドローン、気球、その他の無人航空機（UAV）から数ペタバイトにのぼるデータを入手し、機械学習技術を駆使して解析し、顧客の意思決定支援のためにデータを提供しています。

彼らは、独自のAIアルゴリズムを用いて、衛星画像から得られた自動車や

建築物などの状況から、経済指標予測、流通状況や建築状況の変化、交通量の把握、ローンなどの金融商品における不正検知、災害時の被害状況の把握などを行っています。

これから先、日本においても、Society 5.0が計画されています（第11章参照）。

Society 5.0では、日本においても、社会インフラにおける電子データ（例えば電子カルテもその一つ）の充実が見込まれています。5Gネットワークの普及にも大きな期待が集まっています。IoTが個人のみならず、社会全域で急速に広まるでしょう。その結果、従来とは比較にならない桁違いな電子データが生成され、クラウドに保存されるはずです。このことは、ようやく日本にも本格的なAI導入の機会が訪れることを意味します。

AIの仕組みをご理解いただいた今、ぜひAIを「人の能力を伸ばすもの、引き出すもの」と位置付けていただき、上手に活用していただければと願っております。

なお、本書を執筆するにあたり、AIに関係する世界最先端の学会や研究の動向などについて、多くの研究者に助言をいただきました。

東京大学大学院工学系研究科システム創成学専攻 鳥海不二夫准教授および研究室のメンバー、株式会社TDAI Lab、株式会社早稲田情報技術研究所の研究スタッフに感謝いたします。

また本書を上梓するにあたり、ソシム株式会社の木津滋さんにも感謝しております。常に読者目線を大切にされる編集方針のお陰で、独自の専門用語が多いAIの世界を一般的な言葉で、そして視点を工夫しながら易しく解説することができました。末筆ながら心よりお礼を申し上げます。

図版出典

図1
Chester Chen, “Moving to neural machine translation at google - gopro-meetup”（2017）
https://www.slideshare.net/ChesterChen/moving-to-neural-machine-translation-at-google-gopromeetup

図3
Stuart Russell and Peter Norvig, “Artificial Intelligence: A Modern Approach 3rd Edition”
https://people.eecs.berkeley.edu/~russell/intro.html

図5
Alex Krizhevsky, “Learning Multiple Layers of Features from Tiny Images”（2009）
http://www.cs.toronto.edu/~kriz/cifar.html

図15、図16
Karen Hao, “We analyzed 16,625 papers to figure out where AI is headed next” MIT Technology Review（2019）
https://www.technologyreview.com/s/612768/we-analyzed-16625-papers-to-figure-out-where-ai-is-headed-next/?utm_campaign=Artificial%2BIntelligence%2BWeekly&utm_medium=web&utm_source=Artificial_Intelligence_Weekly_96

図24
OpenAI（Alec Radford他）, “Better Language Models and Their Implications”
https://openai.com/blog/better-language-models/

図28
Preferred Networks, Inc.「劣微分を用いた最適化手法について(3)」（Research Blog 2010.12.03記事）
https://tech.preferred.jp/ja/blog/subgradient-optimization-3/?fbclid=IwAR0pcbB6eYX_MNF6hjeX1fsHSbJohus-3xAyc6TRWnMw6gVGYO-9km9GEZ8

図29
Tarang Shah, “About Train, Validation and Test Sets in Machine Learning”（2017）
https://towardsdatascience.com/train-validation-and-test-sets-72cb40cba9e7

図30（左）
https://nips.cc/Conferences/2018/Schedule?type=Invited%20Talk

図30（右）
https://nips.cc/Conferences/2017/Schedule?type=Invited%20Talk

図31

Kevin Eykholt他，“Robust Physical-World Attacks on Deep Learning Visual Classification”（2018）
https://arxiv.org/pdf/1707.08945.pdf

図32

Simen Thys他，“Fooling automated surveillance cameras: adversarial patches to attack person detection”（2019）
https://arxiv.org/abs/1904.08653

図33（掲載写真を元に著者作成）

Simen Thys他，“Fooling automated surveillance cameras: adversarial patches to attack person detection”（2019）
https://arxiv.org/abs/1904.08653

図34

Adversarial Fashion
https://adversarialfashion.com/

図35

Pin-Yu Chen（IBM Reaserch）

図36

WatchMojo.com“Top 10 Deepfake Videos”
https://www.youtube.com/watch?v=-QvIX3cY4lc

図38

Amina Adadi他“Peeking Inside the Black-Box: A Survey on Explainable Artificial Intelligence (XAI)”（2018）
https://ieeexplore.ieee.org/document/8466590

図39

Daniel Smilkov他
https://pair-code.github.io/saliency/
“SmoothGrad: removing noise by adding noise”（2017）https://arxiv.org/abs/1706.03825による。

図40

Zichao Yang他“Hierarchical Attention Networks for Document Classification”(2016)
https://www.cs.cmu.edu/~./hovy/papers/16HLT-hierarchical-attention-networks.pdf

図41

TOM SIMONITE/WIRED, “Google' s's AI Guru Wants Computers to Think More Like Brains”
https://www.wired.com/story/googles-ai-guru-computers-think-more-like-brains/

図42
Xerxes D. Arsiwalla他“The Morphospace of Consciousness”（2017）
https://arxiv.org/abs/1705.11190

図44（掲載データを元に一部改変）
Mingxing Tan他，「EfficientNet：モデルスケーリングとAutoMLで最高精度を達成したGoogleの画像認識技術」（2019）
https://developers-jp.googleblog.com/2019/07/efficientnet-automl-google.html

図47
Andrew Brock, “Large Scale GAN Training for High Fidelity Natural Image Synthesis”（2018）
https://arxiv.org/abs/1809.11096

図49
Stanford University Human-Centered Artificial Institute（HAI），“AI Index 2018 Annual Report”（2018）
https://regmedia.co.uk/2018/12/13/ai.pdf

図50
Carissa Schoenick“China May Overtake US in AI Research”（2019）
https://medium.com/ai2-blog/china-to-overtake-us-in-ai-research-8b6b1fe30595

図51
Mary Meeker（KLEINER PERKINS）“INTERNET TRENDS 2018”（2018）
https://www.kleinerperkins.com/perspectives/internet-trends-report-2018/

図52
arxiv.org，“arXiv submission rate statistics”（2019）
https://arxiv.org/help/stats/2018_by_area

図53
Masatoshi Uehara他“Generative Adversarial Nets from a Density Ratio Estimation Perspective”（2016）
https://arxiv.org/abs/1610.02920
Shakir Mohamed他，“Learning in Implicit Generative Models”（2016）
https://arxiv.org/abs/1610.03483

図54
Jeff Dean（Google），“Machine Learning Arxiv Papers per Year”
https://twitter.com/jeffdean/status/1135114657344237568

参考文献

● AI白書2019
独立行政法人情報処理推進機構 AI白書編集委員会（編）
株式会社角川アスキー総合研究所（2018/12）発行
ISBN978-4-04-911014-2
● 人間中心のAI社会原則検討会議
内閣府
https://www8.cao.go.jp/cstp/tyousakai/humanai/index.html
● 東京大学のデータサイエンティスト育成講座
塚本邦尊・山田典一・大澤文孝（著）
マイナビ出版（2019/3/14）発行
● 人工知能Vol.34 No.5（2019年9月号）
人工知能学会
オーム社（2019/9）発行
● 「企業の投資戦略に関する研究会」報告書
財務省（2017/3）
https://www.mof.go.jp/pri/research/conference/00report/investment/inv_mokuji.htm
● 平成28年版情報通信白書
総務省（2016/7）
http://www.soumu.go.jp/johotsusintokei/whitepaper/ja/h28/html/nc142000.html
● State of AI Report 2019
Nathan Benaich / Ian Hogarth（2019/6）
https://www.slideshare.net/StateofAIReport/state-of-ai-report-2019-151804430
● Fooling automated surveillance cameras: adversarial patches to attack person detection.
Thys S / Van Ranst W / Goedemé T.（2019/4）
https://arxiv.org/pdf/1904.08653.pdf
● Explaining and Harnessing Adversarial Examples
Ian J. Goodfellow / Jonathon Shlens / Christian Szegedy（2015/3）
https://arxiv.org/pdf/1412.6572.pdf
● ゼロから作るDeep Learning
斎藤康毅（著）
オライリー・ジャパン（2016/9）発行
ISBN978-4-87311-758-4
● 機械学習入門
大関真之（著）
オーム社（2016/11）発行
ISBN978-4-274-21998-6
● 人間ってナンだ？超Ai入門
NHK Eテレ（2019/4～2019/6）
https://www.nhk-ondemand.jp/program/P201700169900000/

■著者プロフィール

●福馬 智生（ふくま ともき）

株式会社 TDAI Lab 代表取締役社長

AI を用いてビジネスに今までにない価値を提供することを目的に 2016 年東大発学生ベンチャーとして株式会社 TDAI Lab を設立し代表取締役社長に就任。最先端の AI 研究とその導入支援を行っている。ビッグデータから真実を浮かび上がらせる信頼性スコアリング AI「WISE REVIEW（特許取得済）」などの研究開発も行っている。

特技は競技ダンス。2015 年学生競技ダンス選手権で全日本優勝。

東京大学大学院工学系研究科システム創成学専攻 博士後期課程在学中

●加藤 浩一（かとう こういち）

株式会社早稲田情報技術研究所 代表取締役社長

株式会社 TDAI Lab 顧問

企業向けに AI の効果的な活用方法の啓蒙と導入支援を行っている。90 年代に日本マイクロソフト株式会社にて Windows 製品およびマーケティングの責任者を務める。2003 年に情報科学分野の応用研究所として株式会社早稲田情報技術研究所を設立し代表取締役社長に就任。AI を業種別にカスタマイズした導入支援パッケージを開発している。

早稲田大学大学院理工学研究科博士後期課程中退

■スタッフ
カバーデザイン　坂本 真一郎（クオルデザイン）
本文デザイン・DTP　有限会社中央制作社

世界一カンタンで実戦的な文系のための人工知能の教科書

2020年4月15日　初版第1刷発行

著　者　福馬 智生／加藤 浩一
発行人　片柳 秀夫
編集人　三浦 聡
発　行　ソシム株式会社
https://www.socym.co.jp/
〒101-0064　東京都千代田区神田猿楽町 1-5-15 猿楽町 SS ビル 3F
TEL：(03)5217-2400（代表）
FAX：(03)5217-2420

印刷・製本　株式会社暁印刷

定価はカバーに表示してあります。
落丁・乱丁本は弊社編集部までお送りください。送料弊社負担にてお取替えいたします。
ISBN978-4-8026-1247-0